Helmdach · Leitfaden zur Bestimmung
fossiler und rezenter Ostrakoden

Friedrich-Franz Helmdach

Leitfaden zur Bestimmung fossiler und rezenter Ostrakoden

Walter de Gruyter · Berlin · New York 1977

Priv.-Doz. Dr. Friedrich-Franz Helmdach
Institut für Paläontologie der Freien Universität Berlin

Dieses Buch enthält 243 Abbildungen und 6 Tafeln

CIP-Kurztitelaufnahme der Deutschen Bibliothek

Helmdach, Friedrich-Franz
Leitfaden zur Bestimmung fossiler und rezenter Ostrakoden. – 1. Aufl. – Berlin, New York : de Gruyter, 1977.
ISBN 3-11-005745-X

Satz und Druck: Walter de Gruyter & Co., Berlin.
Bindearbeiten: Dieter Mikolai, Berlin.

Vorbemerkung

Dieser Leitfaden soll die Bestimmung der in Europa am häufigsten auftretenden Ostrakodengattungen ermöglichen. Gattungen, die selten vorkommen oder eine andere Verbreitung haben, sind deshalb nicht immer berücksichtigt worden.

Da dieses Buch auf die Bedürfnisse von Studierenden der Fächer Geologie-Paläontologie ausgerichtet ist, wurden fast ausschließlich Schalenmerkmale berücksichtigt. Den außerdem am Bau des Weichkörpers interessierten Lesern werden besonders die Werke von *G. Hartmann*, *W. Klie* und *G. W. Müller* von Nutzen sein.

Allen Kollegen, die mich bei der Bearbeitung des Leitfadens unterstützt haben (Schlämmproben, Faunen, Literatur), danke ich herzlich.

Berlin-Dahlem, Frühjahr 1977 *Friedrich-Franz Helmdach*

Inhalt

Ostracoda LATREILLE 1806

Definition

Ostracoda, auch Muschelkrebse genannt, sind kleine, zweiklappige Crustacea.
Eine Trennung in Kopf und Körper ist nur schwach angedeutet. Am Kopfteil sitzen die folgenden 4 paarigen Glieder: erste und zweite Antenne, (wichtigstes Fortbewegungsorgan) Mandibel und Maxille; am Körper 3 Gliedmaßenpaare. Bei einigen Formen kann am Körper noch ein als viertes Gliedmaßenpaar gedeutetes Organ auftreten. Die hinteren Extremitäten können reduziert sein.
Es treten zwei Geschlechter auf, jedoch gibt es viele Arten von denen nur Weibchen bekannt sind (parthenogenetische Vermehrung).

Folgende Abkürzungen werden verwendet:

RV = rechte Klappe
LV = linke Klappe
G = Gehäuse

Der Pfeil auf den Abbildungen zeigt nach vorn.

Überblick über die in diesem Buch verwendete systematische Einteilung* und das Schema der Narben der jeweiligen zentralen Muskelfelder.

Unterklasse:	**Muskelnarben:**
Ostracoda LATREILLE 1806	
Ordnungen:	
I. **Archäocopida**	
SYLVESTER-BRADLEY 1961	unbekannt
Bradoriidae	
Hipponicharionidae	
II. **Leperditiida**	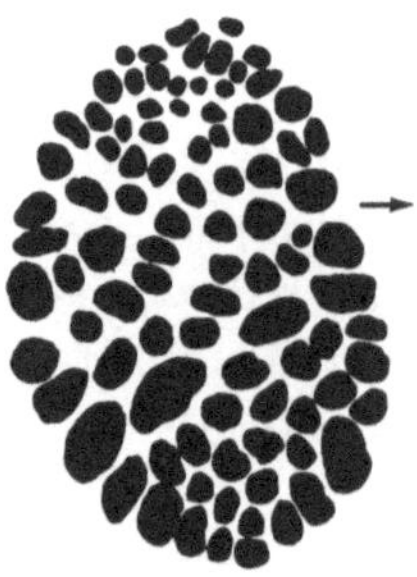
POKORNY 1953	
Leperditiidae	
III. **Beyrichiida**	selten bekannt; wenige Narben
POKORNY 1953	
Beyrichiidae	
Tetradellidae	
Tetradellinae	
Sigmoopsidinae	
Quadrijugatorinae	
Piretellinae	
Drepanellidae	
Drepanellinae	
Aechmininae	
Zygobolbidae	
Hollinidae	
Kirkbyidae	
Eurychilinidae	
Aparchitidae	
Primitiopsidae	

* Einige Familien (Unterfamilien), von denen weiter unten keine Gattungen beschrieben sind, wurden hier nicht berücksichtigt.

Familiae incertae ordinis:

Oepikiidae
Leperditellidae
Leperditellinae
Eridoconchinae
Alanellidae
Conchoprimitiidae
Kloedenellidae

IV. Myodocopida
POKORNY 1953
Unterordnungen:
a. Myodocopa SARS 1866
Familien:
1. Cypridinidae
BAIRD 1850

Narben unterschiedlich:

Cypridina

Cyclasterope

2. Conchoeciidae SARS 1866

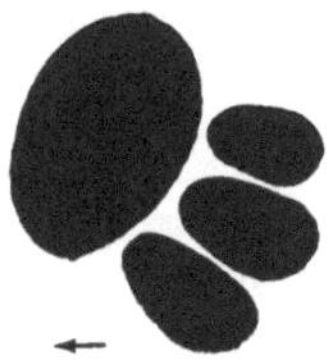

Thaumatocypris

3. Entomoconchidae BRADY 1868

Entomoconchus

4. ?Entomozoidae PRIBYL 1951

Narben unbekannt

b. Cladocopa SARS 1866
Familie:
Polycopidae

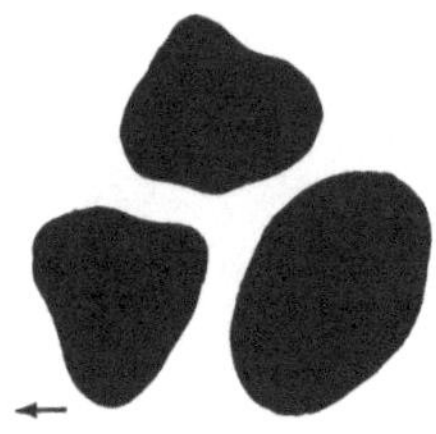

Polycope

V. Podocopida
POKORNY 1953

Unterordnungen:
a. Platycopa SARS 1866
Familien:
1. Cytherellidae
SARS 1866

2. Healdiidae
HARLTON 1933

3. Thlipsuridae
ULRICH 1894

bei den meisten Gattungen unbekannt

4. Barychilinidae
ULRICH 1894

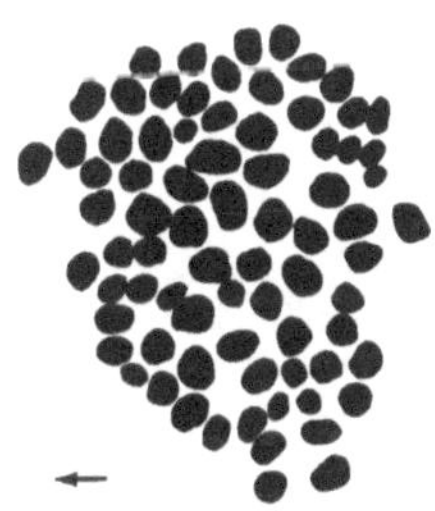

5. ?Beecherellidae
ULRICH 1894

b. Podocopa
SARS 1866
Familien:

1. Darwinulidae
BRADY & NORMAN
1889

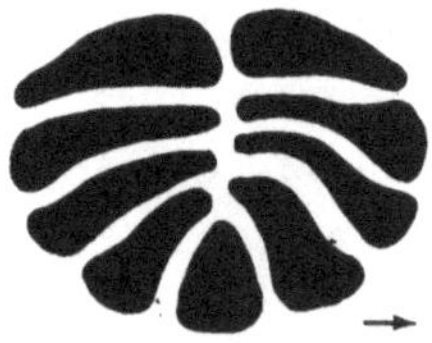

2. Bairdiidae
SARS 1888

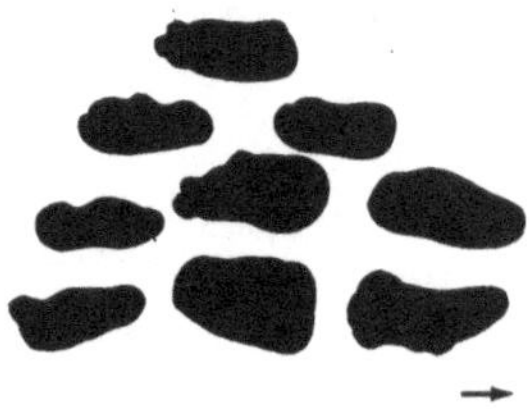

3. Macrocyprididae
MÜLLER 1912

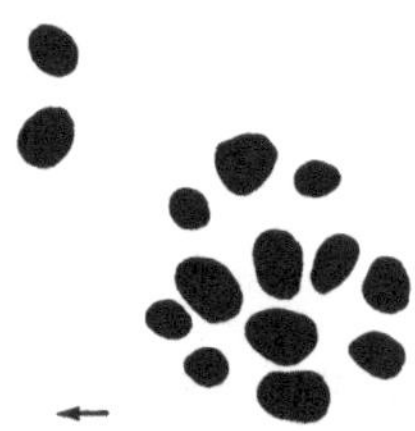

4. Cyprididae
BAIRD 1845

5. Cytheridae
BAIRD 1850

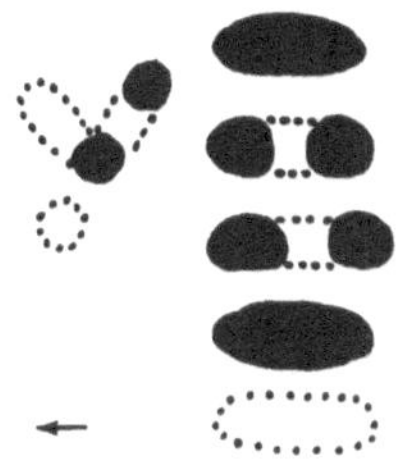

Unterfamilien:

a. Cytherinae
BAIRD 1850

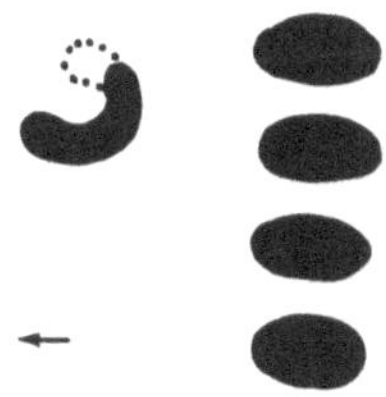

b. Hemicytherinae
PURI 1953

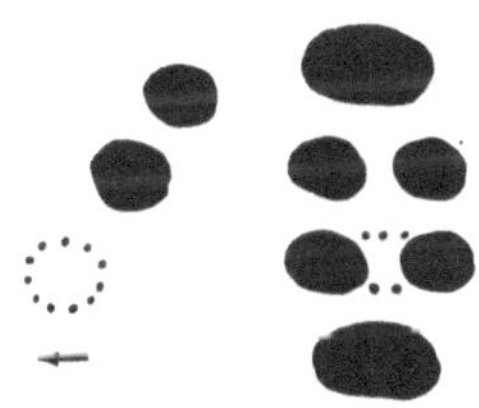

c. Trachyleberidinae
SYLVESTER-BRADLEY 1948

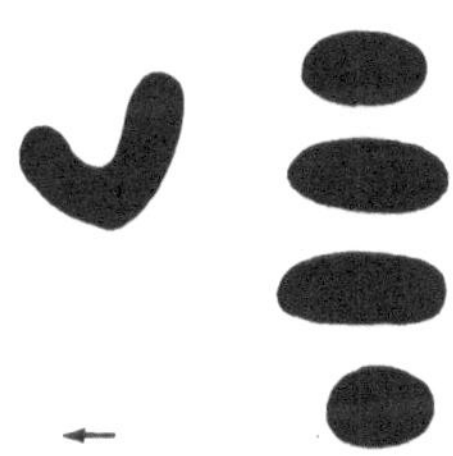

d. Cytherettinae
TRIEBEL 1952

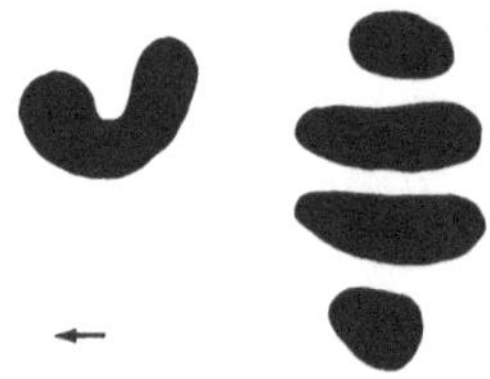

e. Progonocytherinae
SYLVESTER-
BRADLEY 1948

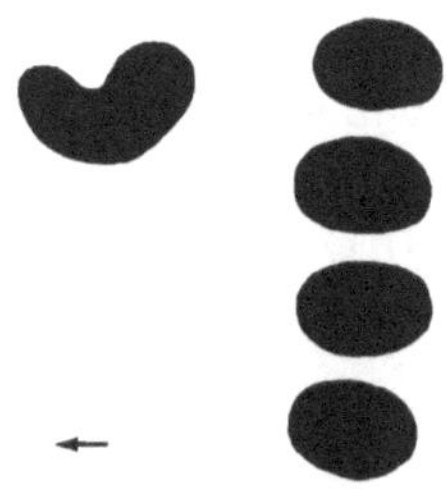

f. Microcytherinae
KLIE 1938

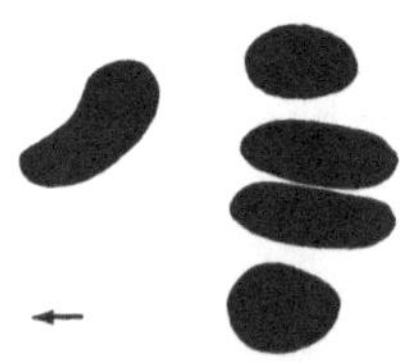

g. Cytherideinae
SARS 1925

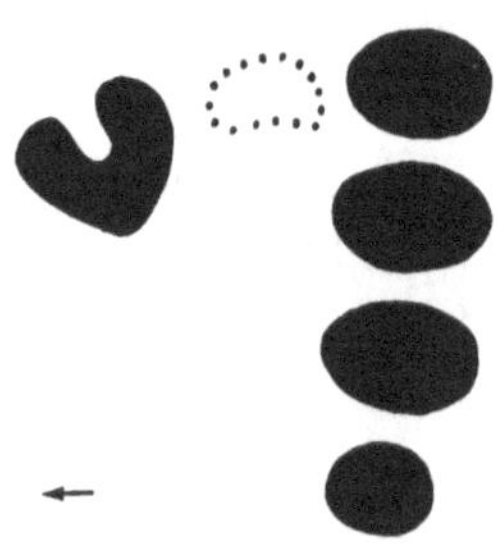

h. Cytherurinae
MÜLLER 1894

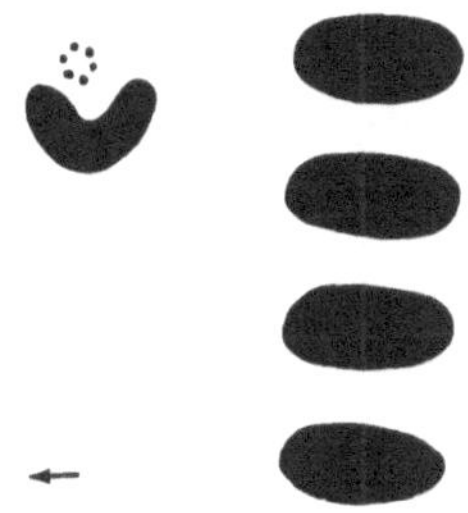

i. Loxoconchinae
SARS 1926

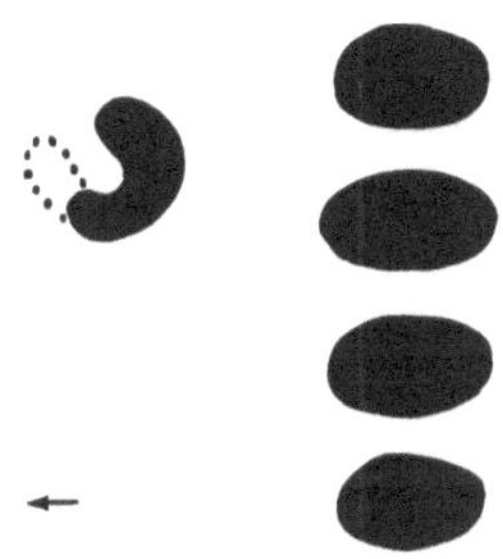

j. Limnocytherinae
SARS 1925

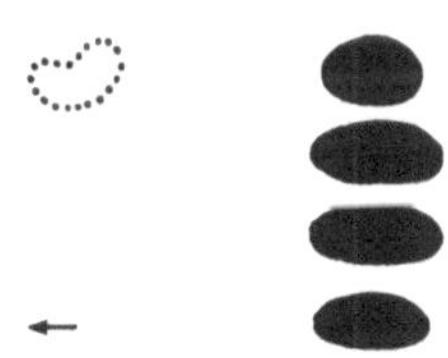

k. Bythocytherinae
SARS 1926

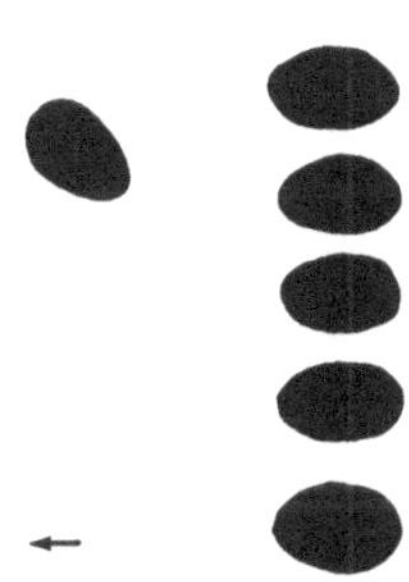

l. Paradoxostominae
BRADY & NORMAN
1889

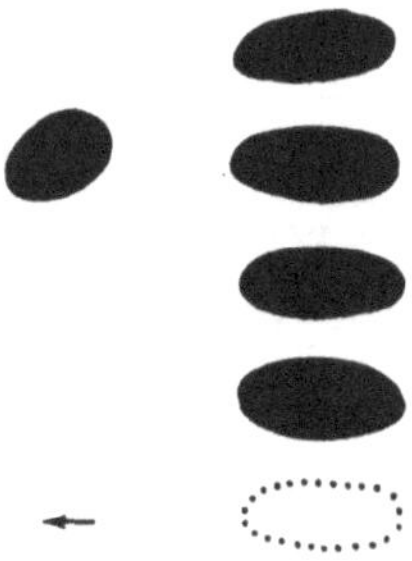

m. Xestoleberidinae
SARS 1928

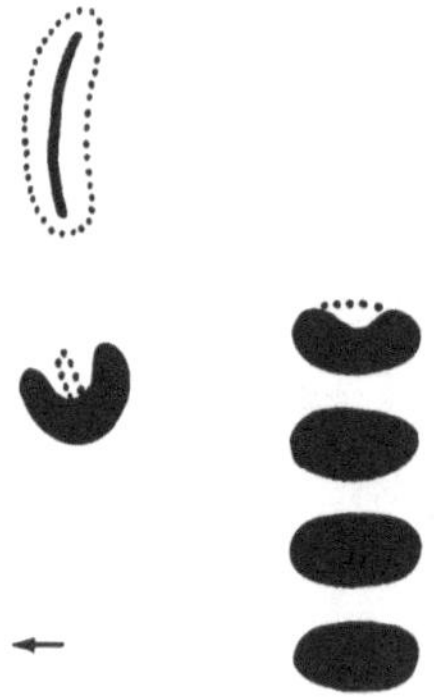

Ordnung	**Archäocopida** SYLVESTER-BRADLEY 1961
	Schloßrand meist gerade, selten schwach gebogen. Klappen wenig verkalkt, vermutlich biegsam. Glatte und ornamentierte Schalen. Skulptur kann aus Knoten, Wülsten oder kraterförmigen Erhöhungen bestehen.
Stratigraphische Reichweite	unteres Kambrium – ? unteres Ordoviz
Bemerkungen	Archäocopida werden hier als primitive Ostrakoden und nicht als Conchostraken (sensu ULRICH & BASSLER 1931) betrachtet.
Familie	**Bradoriidae** MATTHEW 1902
	Oberfläche glatt oder fein punktiert. Mit anterodorsalem Augenknoten oder anteromedianem Höcker.
Stratigraphische Reichweite	unteres – mittleres Kambrium.

Gattung	*Longispina* ANDRES 1969
Typus-Art	*Longispina oelandica* ANDRES 1969
Stratigraphische Reichweite	mittleres Kambrium
Geographische Verbreitung	N-Europa
Ökologie	marin, im küstennahen Bereich.
Form und Skulptur	ungefähr dreieckig in Seitenansicht. Ein großer Stachel auf dem hinteren Schalenteil; dickschalig.
abgebildete Art	*Longispina oelandica* ANDRES 1969
Alter	Paradoxissimus-Sandstein mittleres Mittelkambrium
Fundort	Öland, Südschweden

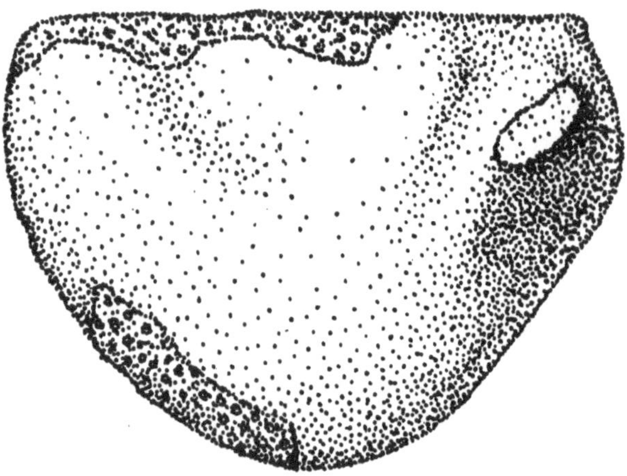

Abb. 1 LV von außen. Steinkern mit Schalenresten; Stachel abgebrochen; Länge: 2,48 mm

Familie	**Hipponicharionidae** SYLVESTER-BRADLEY 1961
	Gut entwickelte Leisten oder Wülste auf der Schalenoberfläche, meist parallel zum freien Rand.
Stratigraphische Reichweite	Unterkambrium.

Gattung	*Hipponicharion* MATTHEW 1886
Typus-Art	*Hipponicharion eos* MILLER 1889
Stratigraphische Reichweite	unteres bis mittleres Kambrium
Geographische Verbreitung	Europa, N-Amerika
Ökologie	? litoral
Form und Skulptur	ungefähr dreieckig; 1 oder 2 Rippen parallel zum freien Rand.
Abgebildete Art	*Hipponicharion loculatum* ANDRES 1969
Alter	Paradoxissimus-Sandstein mittleres Mittelkambrium.
Fundort	Öland, Südschweden

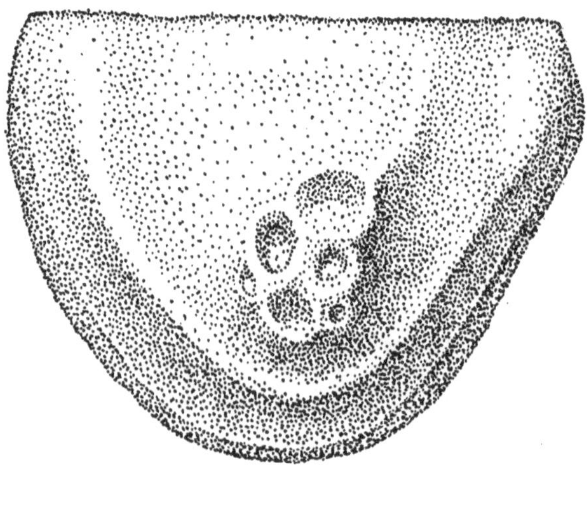

Abb. 2 RV von außen; Länge: 1,25 mm

Ordnung **Leperditiida** POKORNY 1953

Gehäuse dickschalig; Größe: wenige mm bis über 50 mm. Dorsalrand gerade, Dorsalwinkel deutlich ausgebildet.
Umriß, besonders im hinteren Schalenteil weit gebogen. (Rückwärtsschwung, backward-swing); größte Höhe hinten.
Oberflächen meist glatt. Im anterodorsalen Bereich ein kleiner Höcker (Augenhöcker?).
Schließmuskelfeld besteht aus vielen kleinen Narben (siehe Abb.), es hat einen ± ovalen Umriß und liegt vor der Schalenmitte.
Unterhalb des Augenhöckers meist ein V-förmiger Streifen aus kleinen antennalen Muskelansätzen.

Stratigraphische Reichweite ?oberes Kambrium – Devon

Familie **Leperditiidae** JONES 1856

Merkmale der Ordnung.

Gattung	*Leperditia* ROUAULT 1851
Typus-Art	*Leperditia britannica* ROUAULT 1851
Stratigraphische Reichweite	Silur – Devon
Geographische Verbreitung	weltweit
Ökologie	marin
Form und Skulptur	große, taschenförmige Gehäuse; Länge bis zu 40 mm, dickschalig; RV größer als LV; LV mit postero-dorsaler Anschwellung und Augenhöckern, sonst glatt. LV hat außen am freien Rand einen stufenförmigen Vorsprung.
Muskelabdrücke	Muskelflecken in V-Form unterhalb des Augenhöckers.
Schloß	teils unbekannt; einige Arten mit taxodontem Schloß (vgl. Gattung *Herrmannina*)
Abgebildete Art	*Leperditia* sp.
Alter	Silur
Fundort	Berlin-Spandau; Geschiebe

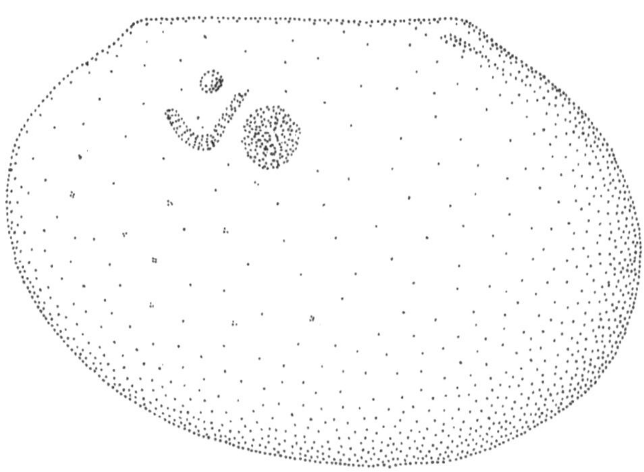

Abb. 3 LV von außen; Länge: 6,1 mm

Gattung	*Herrmannina* KEGEL 1933
Typus-Art	*Herrmannella waldschmidti* PAECKELMANN 1922
Stratigraphische Reichweite	Silur – Devon
Geographische Verbreitung	Europa – N-Amerika
Form und Skulptur	Schräge Längsachse; LV ohne postero-dorsale Schwiele. Zwischen Augenhöker und Schwiele ein Sulcus.
Muskelabdrücke	siehe Abb. 6
Schloß	taxodont.

Abgebildete Art	*Herrmannina waldschmidti* KEGEL 1933
Alter	mittleres Devon, obere Stringocephalen-stufe
Fundort	Barmen-Rittershausen

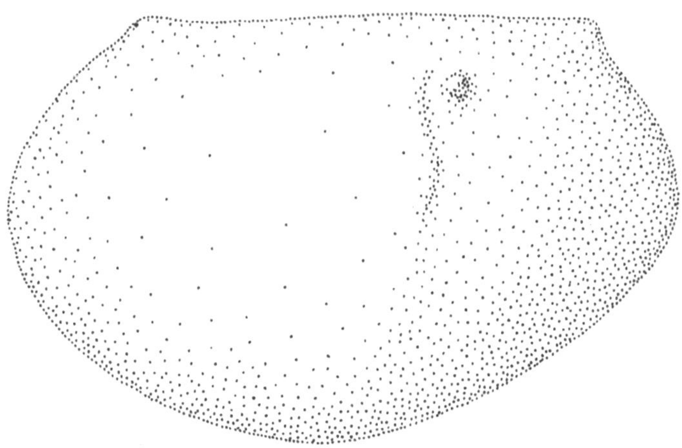

Abb. 4 RV von außen; Länge: 7,2 mm

Abb. 5 *Herrmannina waldschmidti*
LV von innen; Länge: des Schloßrandes: 4 mm
(Abb. 4 und 5 nach KEGEL 1933 umgezeichnet).

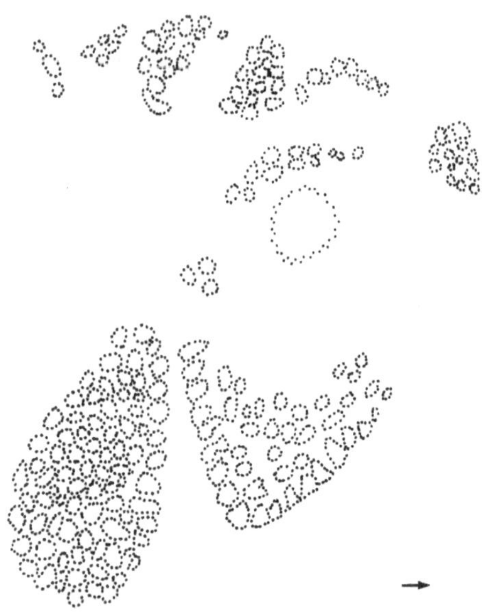

Abb. 6 Muskelfeld von *Herrmannina welleri* SWARTZ 1949; größte Höhe: 3,1 mm
(umgezeichnet nach SWARTZ 1949).

Ordnung **Beyrichiida** POKORNY 1953

Dorsalrand gerade, freier Rand gebogen, auch bei juvenilen Formen. Schalen sind gut verkalkt. Meist charakteristische Skulpturelemente: Loben, Sulci, Velum oder Carina und einen spezifischen Dimorphismus.

Schließmuskelfelder aus wenigen Einzelnarben, sie sind jedoch selten zu erkennen.

Umriß juveniler Stadien gleicht dem der adulten.

Stratigraphische Reichweite Ordoviz – rezent

Familie **Beyrichiidae** MATTHEW 1886

Dimorphe Tasche anteroventral bis zentroventral. Formen mit bis zu 4 Loben oder glatt. Ein Velum ist fast immer vorhanden, es kann aber reduziert sein.

Stratigraphische Reichweite Ordoviz – Devon

Gattung	*Beyrichia* McCOY 1846
Typus-Art	*B. kloedeni* McCOY 1846
Stratigraphische Reichweite	Silur – Devon
Geographische Verbreitung	Europa, N-Amerika, Australien
Ökologie	marin
Form und Skulptur	Dorsalrand gerade. Schalen mit 3 Loben, von denen L1 und L3 meist den Dorsalrand überragen. Loben ventral teilweise miteinander verbunden. L2 ist klein. Oberflächen glatt oder mit feinen Tuberkeln.
Schloß	Vermutlich ein kompliziert gebautes Schloß aus Leisten und Furchen (POKORNY 1958).
Abgebildete Art	*Beyrichia tuberculata* (KLÖDEN) emend. JONES 1855
Alter	Obersilur-Geschiebe (Beyrichienkalk)
Fundort	Berlin-Spandau

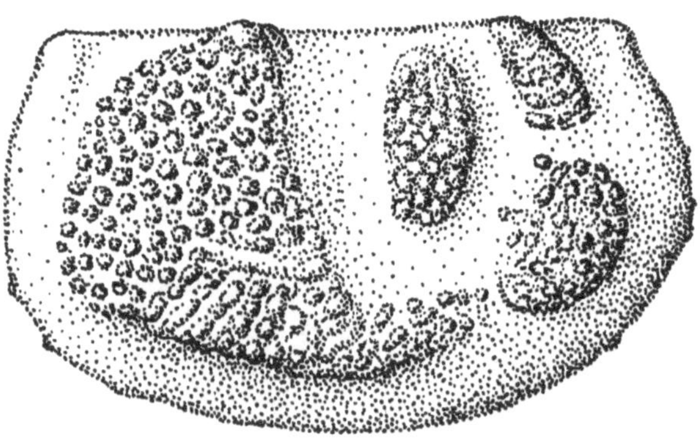

Abb. 7 RV von außen eines ?♂; Länge: 3,4 mm
(Exemplar vermutlich noch nicht adult)

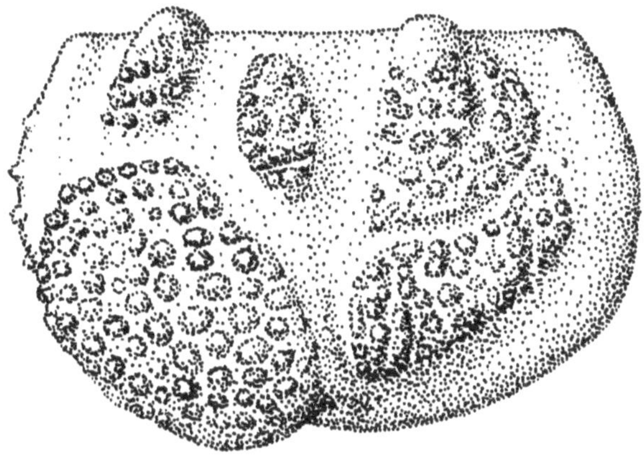

Abb. 8 *Beyrichia tuberculata*
LV von außen eines ? ♀; Länge: 3,3 mm
(Exemplar mit „Bruttasche")

Gattung	*Apatobolbina* ULRICH & BASSLER 1923
Typus-Art	*Apatobolbina granifera* ULRICH & BASSLER 1923
Stratigraphische Reichweite	mittleres Silur
Geographische Verbreitung	Europa, N-Amerika
Form und Skulptur	Breiter Saum, keine Sulci. ? ♀ ♀ mit anteroventraler Tasche; Oberflächen teilweise oder völlig mit kleinen Tuberkeln bedeckt. Selten mit einem subzentralen Muskelfleck.
Abgebildete Art	*Apatobolbina platygaster* KUMMEROW 1924
Alter	Ober-Silur (Encrinurus-Kalk)
Fundort	Rattey, Mecklenburg

Bemerkungen

Das Velum war entlang des Ventralrandes vermutlich einheitlich breit. Die im Velum eingezeichnete Linie stellt den jetzigen Erhaltungszustand des Velums dar.
(Umgezeichnet und ergänzt nach einer Zeichnung des Originalmaterials von Dr. H. Heidrich.)

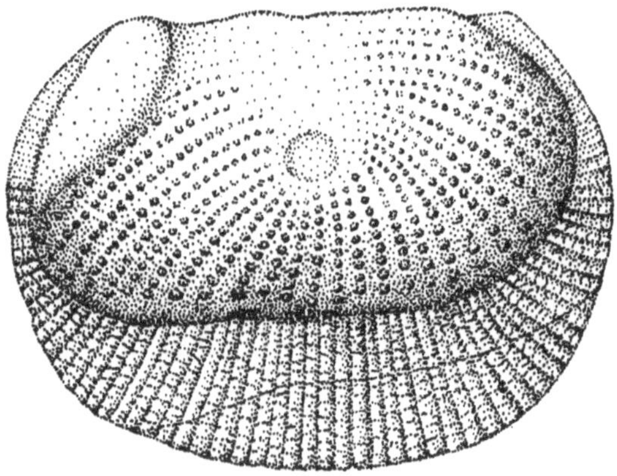

Abb. 9 *Apatobolbina platygaster*
RV eines ♂. Länge: 1,4 mm

Gattung — *Craspedobolbina* KUMMEROW 1924

Typus-Art — *Craspedobolbina dietrichi* KUMMEROW 1924

Stratigraphische Reichweite — Oberes Ordoviz – Silur

Geographische Verbreitung — Europa

Form und Skulptur — Ein Mittelsulcus. Dimorphes Velum. Oberflächen glatt bis mit feinen Tuberkeln besetzt.

Abgebildete Art	*Craspedobolbina* (Mitrobeyrichia) aff. *lembodes* MARTINSSON 1962
Alter	Mulde Mergel, Wenlock
Fundort	Mulde, Gotland

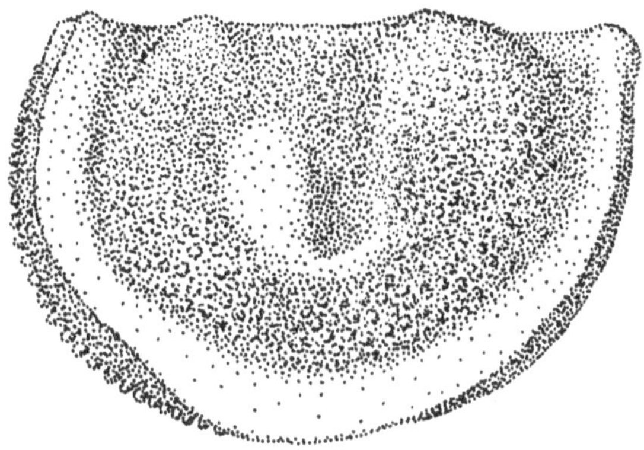

Abb. 10 LV von außen; Länge: 0,8 mm

Gattung	*Dibolbina* ULRICH & BASSLER 1923
Typus-Art	*Dibolbina cristata* ULRICH & BASSLER 1923
Stratigraphische Reichweite	Silur
Geographische Verbreitung	Europa, N-Amerika
Form und Skulptur	Breites Velum. S 1 schwach, S 2 gut ausgebildet. ♀♀ mit halbkugeliger anteroventraler Tasche. Schalen glatt oder mit Grübchen bedeckt.
Abgebildete Art	*Dibolbina cristata* ULRICH & BASSLER 1923
Alter	Ober-Silur; oberer Teil der Tonoloway Formation.
Fundort	Mineral County, West-Virginia, USA

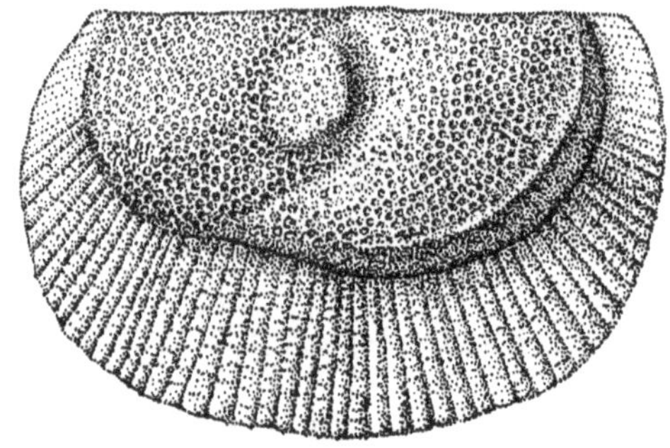

Abb. 11 *Dibolbina cristata*
LV eines ♂ von außen, Länge: 1,1 mm
(umgezeichnet nach ULRICH & BASSLER 1923)

Gattung	*Kloedenia* JONES & HOLL 1886
Typus-Art	*Kloedenia wilckensiana* (JONES 1855)
Stratigraphische Reichweite	Ordoviz – Devon
Geographische Verbreitung	Europa, N-Amerika
Form und Skulptur	S1 und S2 kurz; L1 und L3 laufen ventral zusammen; L2 davon etwas abgesetzt, kleiner, eiförmig; überragt den Dorsalrand. ? ♀ ♀ mit langer, den Ventralrand überragender Tasche.
Abgebildete Art	*Kloedenia wilckensiana* (JONES 1855)
Alter	ob. Silur (Beyrichienkalk)
Fundort	Pleistozän-Geschiebe, Berlin-Spandau

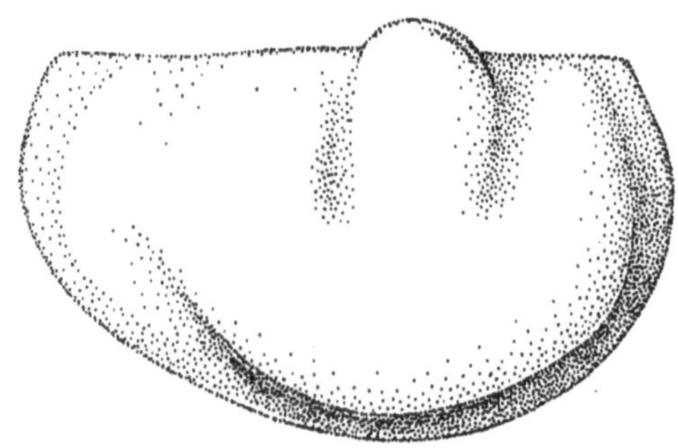

Abb. 12 RV eines ? ♂ von außen; Länge: 2,5 mm

Familie	**Tetradellidae** SWARTZ 1936
	Vorderende meist höher als Hinterende. Dorsalrand kürzer als Gehäuselänge. Häufig mit Velum und deutlichem Dimorphismus. Trisulcat, aber durch Reduktion auch bisulcate und unisulcate Formen.
Stratigraphische Reichweite	Ordoviz
Unterfamilie	**Tetradellinae** SWARTZ 1936
	Eine Form (? Weibchen) mit Locularstruktur zwischen Carina und Velum.

Gattung	*Tetradella* ULRICH 1900
Typus-Art	*Beyrichia quadrilirata* HALL & WHITFIELD 1875
Stratigraphische Reichweite	Mittel – Ober-Ordoviz
Georgraphische Verbreitung	weltweit
Form und Skulptur	4 Loben teilweise geteilt, meist mit der Carina verbunden. Loculi vorn zwischen Carina und Velum.
Abgebildete Art	*Tetradella ellipsilira* KAY 1934
Alter	Mittelordoviz (Decorah-Formation)
Fundort	Winneshiek County, Iowa

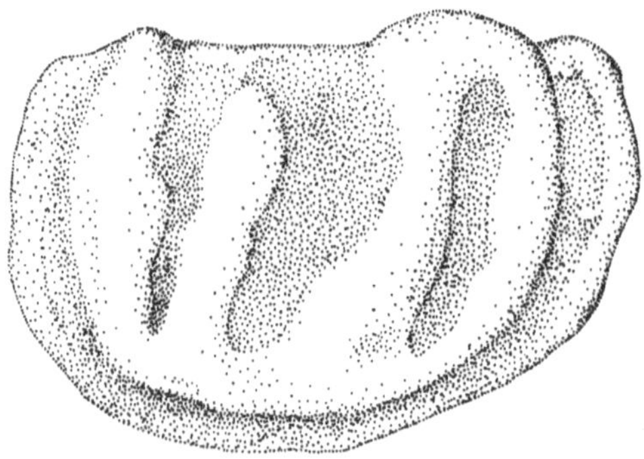

Abb. 13 RV von außen; Länge: ~ 0,9 mm

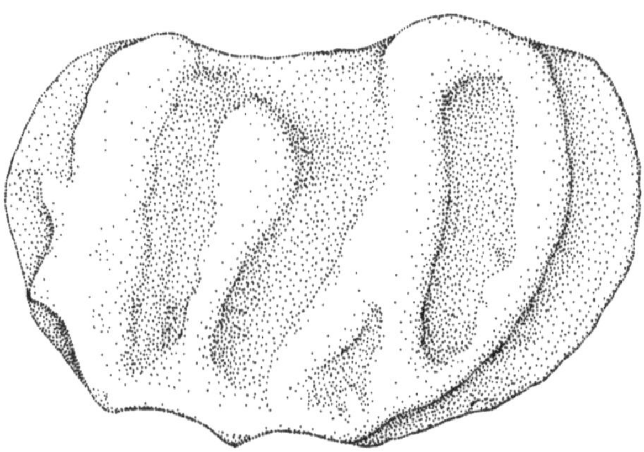

Abb. 14 RV eines ?Weibchens von außen; Länge: ~ 1,2 mm
(beide Abb. umgezeichnet nach KAY 1934)

Unterfamilie	**Sigmoopsidinae** HENNINGSMOEN 1953
	Meist deutlicher carinater Dimorphismus.
	Bis zu 3 vertikale Furchen. Velum kann fehlen.
Stratigraphische Reichweite	Unter – Oberordoviz

Gattung	*Sigmoopsis* HENNINGSMOEN 1953
Typus-Art	*Ceratopsis platyceras* ÖPIK 1937
Stratigraphische Reichweite	Ordoviz
Geographische Verbreitung	Europa
Form und Skulptur	2–3 Loben, lange Mittelfurche, L1 meist kurz. Carina unterschiedlich breit, Gehäuse länglich, vorn deutlich höher als hinten.
Abgebildete Art	*Sigmoopsis* sp.
Alter	Backsteinkalk-Geschiebe, Caradoc
Fundort	Berlin-Spandau

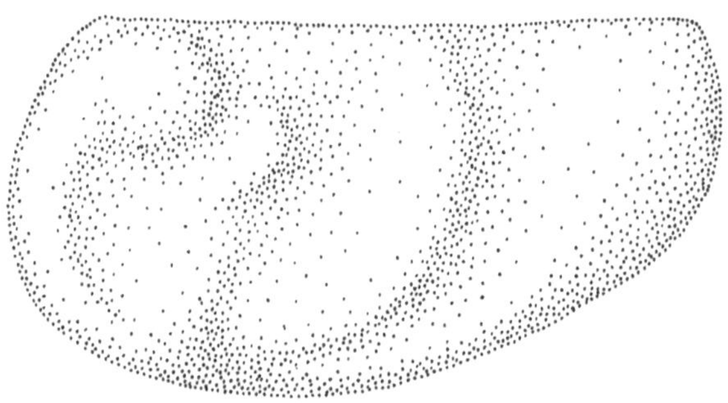

Abb. 15 LV des engvelaten Geschlechts; Länge: 1,2 mm

Unterfamilie	**Quadrijugatorinae** KESSLING & HUSSEY 1953
	Meist mit deutlicher quadrilobater Gliederung. Velum kann dimorph sein.
Stratigraphische Reichweite	Ordoviz

Gattung	*Tallinnella* ÖPIK 1937
Typus-Art	*Tallinnella dimorpha* ÖPIK 1937
Stratigraphische Reichweite	Ordoviz
Geographische Verbreitung	Europa
Form und Skulptur	Ähnlich *Tetradella,* Loben ventral miteinander verbunden. Velum nicht dimorph, vorn meist breit, hinten schmal. Glatt oder fein ornamentiert.
Abgebildete Art	*Tallinnella marchica* (KRAUSE 1889)
Alter	Ober-Ordoviz (Geschiebe)
Fundort	Mark Brandenburg

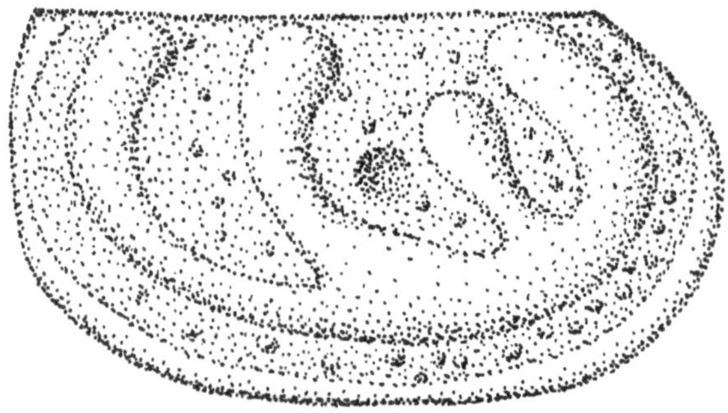

Abb. 16 RV von außen; Länge: 2,2 mm (umgezeichnet nach einer Zeichnung des Originalmaterials von Dr. H. HEIDRICH).

Gattung	*Steusloffia* ULRICH & BASSLER 1908
Typus-Art	*Strepula linnarssoni* KRAUSE 1889 = *Beyrichia costata* LINNARSSON 1869
Stratigraphische Reichweite	Ordoviz – Silur
Geographische Verbreitung	Europa

Form und Skulptur	Nur S2 deutlich ausgebildet (Mittelturche). Davor L2 als großer Knoten. Schmale Rippen auf den Schalenoberflächen. Glatt oder mit kleinen Tuberkeln.
Abgebildete Art	*Steusloffia linnarssoni* (KRAUSE 1889)
Alter	Unter-Silur als Geschiebe
Fundort	N-Deutschland

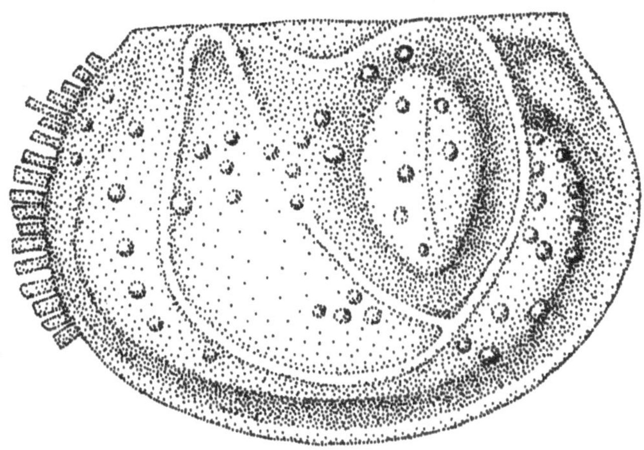

Abb. 17 RV von außen; Länge: 1,7 mm (ohne Randstacheln) (umgezeichnet nach einer Zeichnung des Originalmaterials von Dr. H. Heidrich).

Gattung	*Kiesowia* ULRICH & BASSLER 1908
Typus-Art	*Beyrichia dissecta* KRAUSE 1892
Stratigraphische Reichweite	Ordoviz – Untersilur
Geographische Verbreitung	Europa
Form und Skulptur	quadrilobat, aber die Loben sind jeweils meist zu 2 Knoten reduziert. Mit Carina und Velum. Kein Dimorphismus.

Abgebildete Art	*Kiesowia dissecta* (KRAUSE 1892)
Alter	Mittelordoviz als Geschiebe
Fundort	N-Deutschland

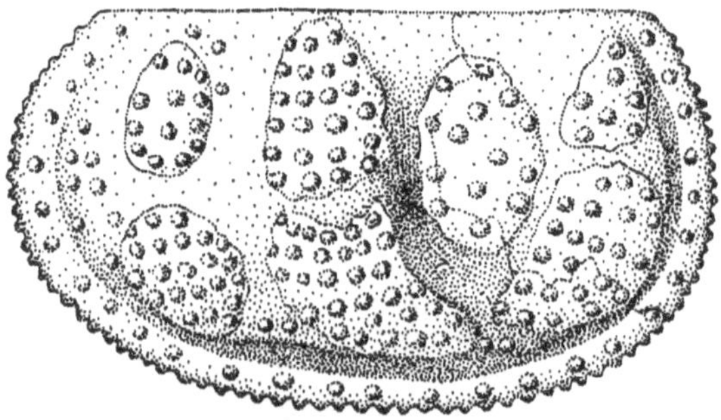

Abb. 18 RV von außen; Länge: 2,3 mm (umgezeichnet und ergänzt nach einer Zeichnung des Originalmaterials von Dr. H. HEIDRICH).

Abgebildete Art	*Kiesowia radians* KRAUSE
Alter	Mittelordoviz als Geschiebe
Fundort	N-Deutschland

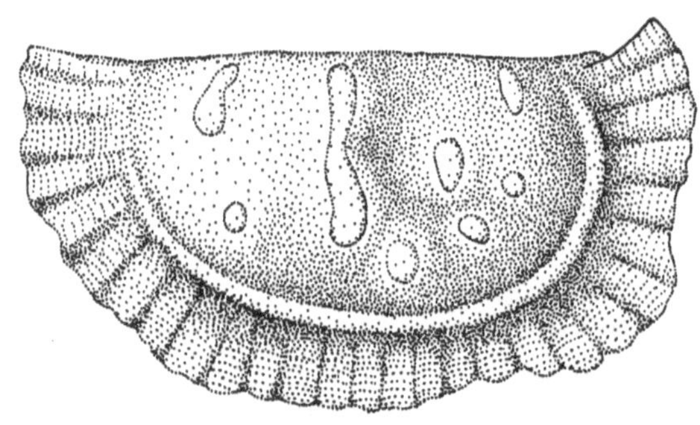

Abb. 19 RV von außen; Länge: 2,3 mm (umgezeichnet nach einer Zeichnung des Originalmaterials von Dr. H. HEIDRICH)

Unterfamilie	**Piretellinae** ÖPIK 1937
	Dimorphes, verkürztes Velum, häufig als Tasche. S2 deutlich ausgebildet. L2 als Knoten.
Stratigraphische Reichweite	Ordoviz

Gattung	*Piretella* ÖPIK 1937
Typus-Art	*Piretella acmaea* ÖPIK 1937
Stratigraphische Reichweite	Mittelordoviz – Oberordoviz
Geographische Verbreitung	N-W-Europa
Form und Skulptur	Mittelsulcus; U-förmige Rippe, manchmal als Höckerreihe. L2 halbkugelartig Velum radial berippt; hinten zu einzelnen Tuberkeln reduziert.
Abgebildete Art	*Piretella acmaea* ÖPIK 1937
Alter	Oberordoviz, Oberes Caradoc, Lyckholm-Formation
Fundort	Estland

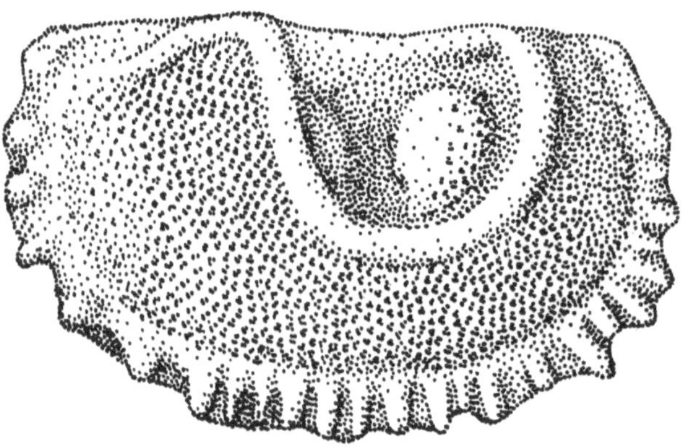

Abb. 20 RV eines ?♂ von außen; Länge: 2,1 mm

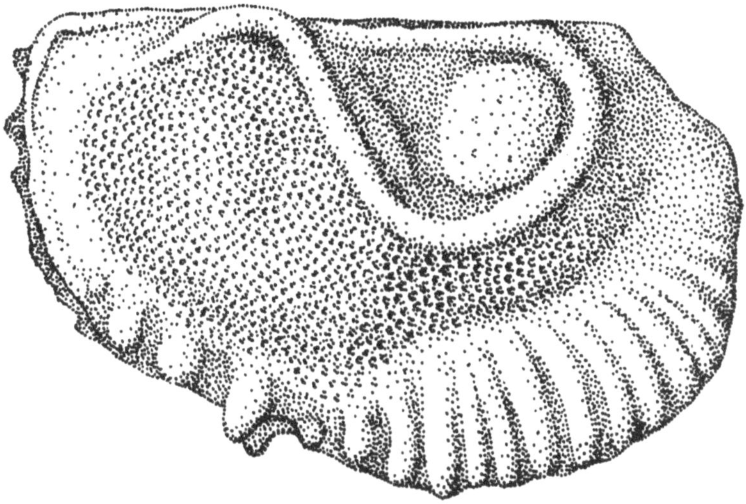

Abb. 21 *Piretella acmaea*
RV eines ? ♀ von außen; Länge: 2,6 mm
(Beide Abb. nach ÖPIK 1937)

Familie **Drepanellidae** ULRICH & BASSLER 1923

Klappen vorn und hinten annähernd gleich hoch; Klappen fast gleich groß. Eine randliche Rippe kann vorhanden sein. (Verbindung von L1 und L4) Skulptur und Ornamentierung unterschiedlich: es gibt glatte und Formen mit 4 Loben.

Unterfamilie **Drepanellinae** ULRICH & BASSLER 1923

Merkmale der Familie

Gattung	*Drepanella* ULRICH 1890
Typus-Art	*Drepanella crassinoda* ULRICH 1890
Stratigraphische Reichweite	Ordoviz – Silur
Geographische Verbreitung	N-Amerika
Form und Skulptur	Rippe parallel zum Hinter- und Ventralrand. Loben oder Knoten in Dorsalrandnähe; Mittelfurche; glatt oder fein ornamentiert.
Schloß	RV mit langer gerader Rinne LV mit entsprechender Leiste.
Abgebildete Art	*Drepanella crassinoda* ULRICH 1890
Alter	mittleres Ordoviz (Stones River Formation)
Fundort	Kentucky, USA

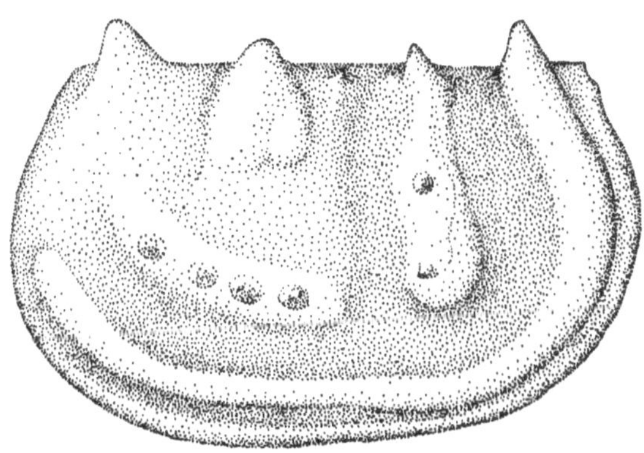

Abb. 22 RV von außen; Länge: 1,4 mm (umgezeichnet nach ULRICH & BASSLER 1923)

Gattung	*Ulrichia* JONES 1890
Typus-Art	*Ulrichia conradi* JONES 1890
Stratigraphische Reichweite	Ordoviz – Devon
Geographische Verbreitung	weltweit
Form und Skulptur	2 dorso-mediane Knoten (L2 + L3) und eine kräftige randliche Rippe. Oberflächen mit Grubenmuster.

Abgebildete Art	*Ulrichia pluripuncta* SWARTZ 1936
Alter	Unterdevon
Fundort	Pennsylvanien, USA

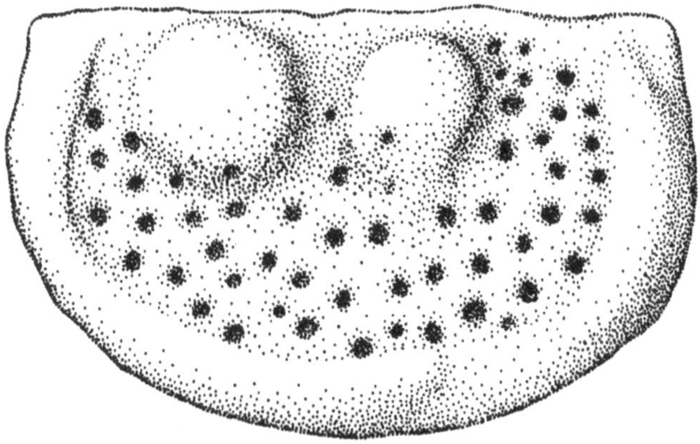

Abb. 23 LV von außen; Länge: 1,05 mm

Abgebildete Art	*Ulrichia* sp.
Alter	Wenlock (Ostrakoden-Mergel)
Fundort	Geschiebe, Berlin-Spandau

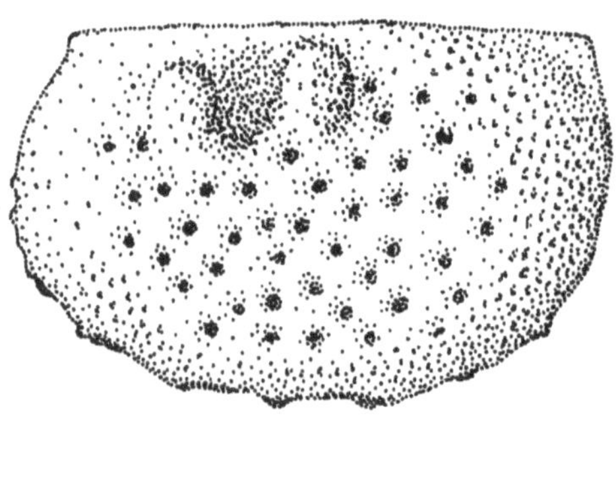

Abb. 24 LV von außen; Länge: 0,66 mm

Gattung	*Bollia* JONES & HOLL 1886
Typus-Art	*Bollia uniflexa* JONES & HOLL 1886
Stratigraphische Reichweite	Mittelordoviz – Unterdevon
Geographische Verbreitung	Europa, N-Amerika
Form und Skulptur	L2 und L3 U-förmig miteinander verbunden. Mit oder ohne Rippe um den freien Rand. Meist retikuliert.
Abgebildete Art	*Bollia bicollina* JONES & HOLL 1886
Alter	Mittelsilur, Wenlock
Fundort	Shropshire, England

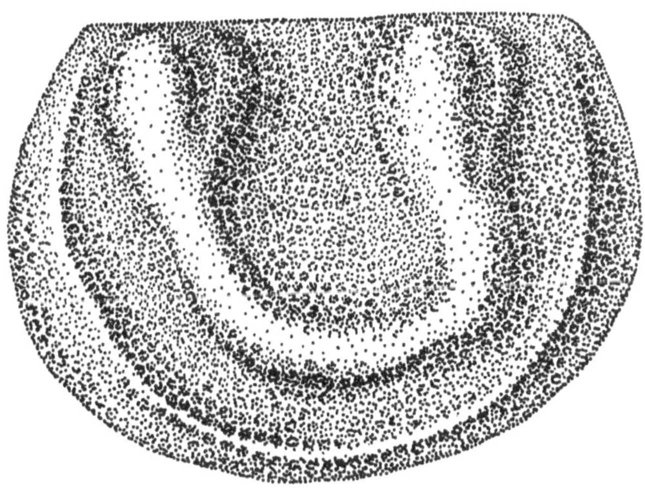

Abb. 25 LV von außen; Länge: 1,5 mm (umgezeichnet nach JONES & HOLL 1886)

Unterfamilie	**Aechmininae**
	Meist als Dorn kräftig entwickelter L3. S2 oft als Grube an der Basis dieses Dorns. Freier Rand kann wulstförmig umrandet sein. Glatt oder retikuliert.
Stratigraphische Reichweite	Ordoviz bis Oberkarbon

Gattung	*Aechmina* JONES & HOLL 1869
Typus-Art	*Aechmina cuspidata* JONES & HOLL 1869
Stratigraphische Reichweite	Ordoviz – Oberkarbon
Geographische Verbreitung	Europa, N-Amerika, Australien
Form und Skulptur	Dorso-median mit einem großen Stachel (L3). Häufig kleine randliche Dornen.
Abgebildete Art	*Aechmina bovina* JONES 1887
Alter	Silur
Fundort	Mulde, Gotland

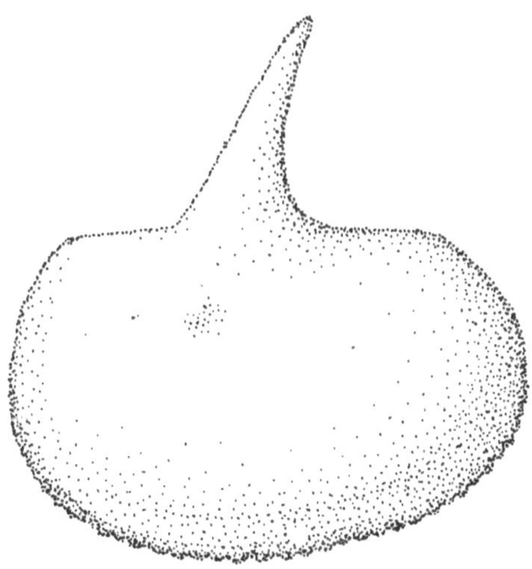

Abb. 26 LV von außen; Länge: 0,85 mm
(umgezeichnet nach POKORNY 1958)

Familie	**Zygobolbidae** ULRICH & BASSLER 1923
	Gerader Dorsalrand mit deutlichen Dorsalwinkeln. L 1 meist stark verkleinert. L 2 und L 3 kräftig entwickelt und meist U-förmig ventral miteinander verbunden. ? Weibchen vorn oder auteroventral mit Tasche.
Stratigraphische Reichweite	Silur

Gattung	*Zygobolbina* ULRICH & BASSLER 1923
Typus-Art	*Z. conradi* ULRICH & BASSLER 1923
Stratigraphische Reichweite	Silur
Geographische Verbreitung	N-Amerika
Form und Skulptur	L2 und L3 breit, ventral miteinander verbunden. L1 kaum vorhanden. Anteroventrale Taschen in zwei Loben aufgeteilt.
Abgebildete Art	*Zygobolbina conradi* ULRICH & BASSLER 1923
Alter	Silur
Fundort	USA (Georgia und Maryland)

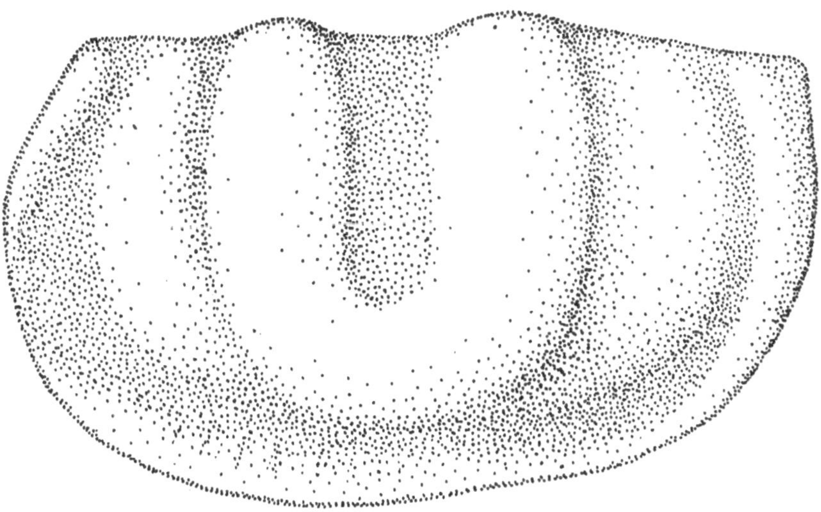

Abb. 27 LV eines Männchens von außen; Länge: 3,5 mm (umgezeichnet nach SWARTZ 1936)

Familie	**Hollinidae** SWARTZ 1936
	Gerader Dorsalrand. 1–3 Sulci. Velum dimorph: bei einer Form reduziert, bei der anderen Form meist gut entwickelt. Es kann posteroventral dornartig auslaufen. Auch teilweise mit Lokularstruktur.
Stratigraphische Reichweite	Silur – Perm

Gattung	*Hollinella* CORYELL 1928
Typus-Art	*H. (Hollinella) dentata* CORYELL 1928
Stratigraphische Reichweite	Mittel-Devon – Mittelperm
Geographische Verbreitung	Europa, N-Amerika
Form und Skulptur	L1 sehr schwach, L2 deutlicher entwickelt. L3 kräftig, halbkugelförmig, überragt den Dorsalrand. Mediansulcus vorhanden. Schalen meist mit feinen Tuberkeln ornamentiert.
Sexualdimorphismus	Deutlicher Dimorphismus: ein Geschlecht mit breitem, das andere mit schwachem Velum.
Abgebildete Art	*Hollinella (Hollinella) cristinae* BLESS 1965
Alter	Westphal C, Lena-Formation
Fundort	Kohlengrube Villoria N-Spanien

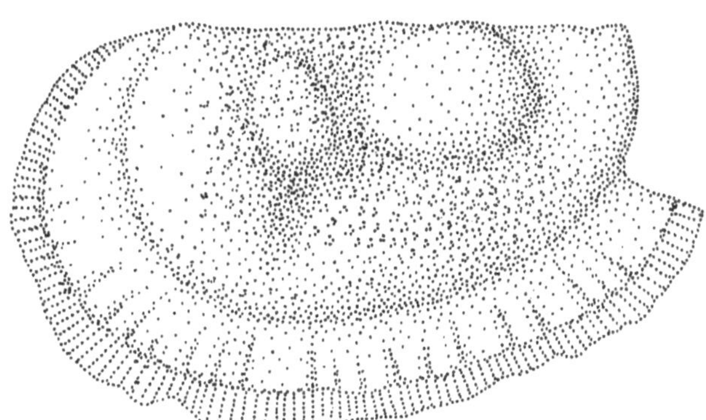

Abb. 28 LV eines ♀ von außen; Länge: 1,46 mm (umgezeichnet nach BLESS & JORDAN 1970)

Gattung	*Parabolbina* SWARTZ 1936
Typus-Art	*Ctenobolbina granosa* ULRICH 1900
Stratigraphische Reichweite	Silur – Devon (?Ordoviz)
Geographische Verbreitung	Europa, N-Amerika
Form und Skulptur	S2 als Mediansulcus; ?Weibchen mit welligem, nach innen gekrümmten, in einem Stachel auslaufenden Velum. Bei ?Männchen ist das Velum auf 2 Stacheln reduziert. Oberflächen mit feinen Warzen ornamentiert.
Abgebildete Art	*Parabolbina limbata* SWARTZ 1936
Alter	Unterdevon
Fundort	USA, Pennsylvanien

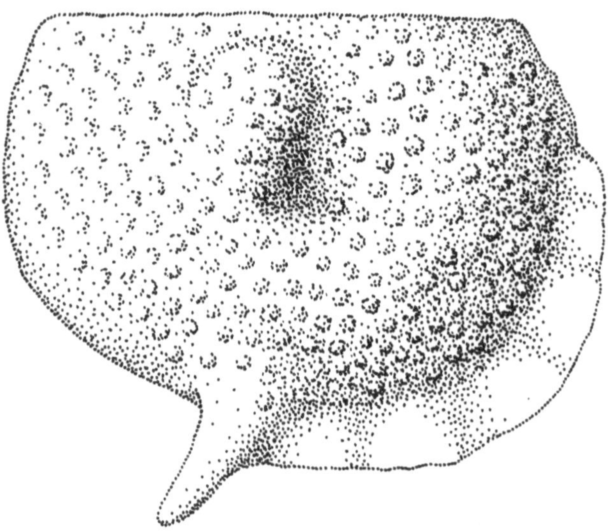

Abb. 29 RV eines ? ♀ von außen; Länge: 0,86 mm

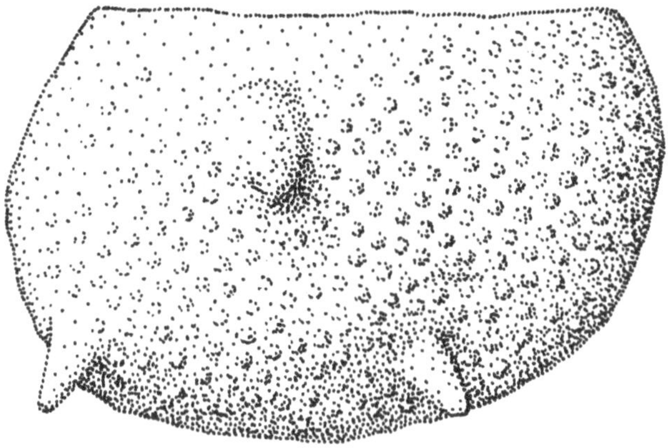

Abb. 30 *Parabolbina limbata*
LV eines ?♂ von außen; Länge: 0,86 mm
(beide Abb. umgezeichnet nach SWARTZ 1936)

Gattung	*Ctenoloculina* BASSLER 1941
Typus-Art	*Tetradella cicatricosa* WARTHIN 1934
Stratigraphische Reichweite	Unter- bis Mitteldevon
Geographische Verbreitung	Europa, N-Amerika
Form und Skulptur	L1, 2, 3 als abgeflachte, meist ornamentierte Wülste. ?♀♀ mit Velum und Lokularstruktur.

Abgebildete Art	*Ctenoloculina cicatricosa* WARTHIN 1934
Alter	Mitteldevon
Fundort	Hamilton, Michigan, USA

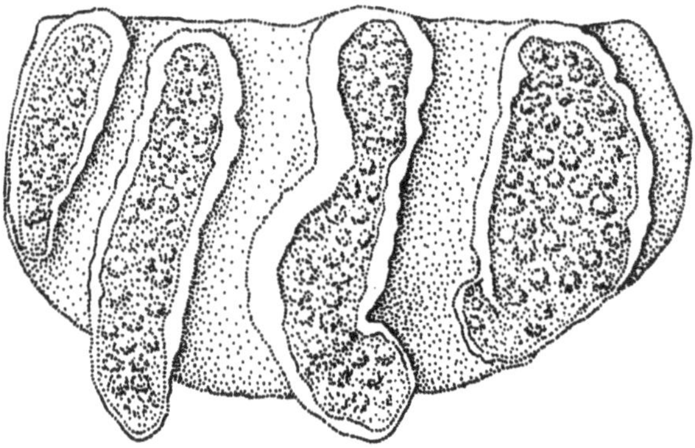

Abb. 31 *Ctenoloculina cicatricosa*
LV eines ? ♂ von außen; Länge: 0,95 mm

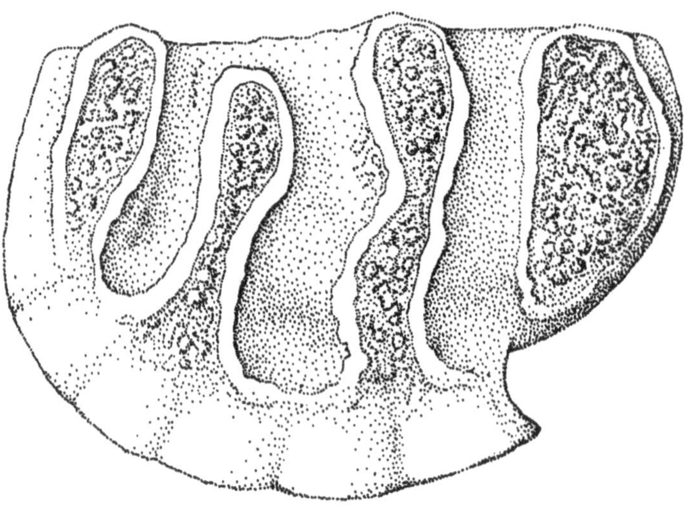

Abb. 32 LV eines ? ♀ von außen; Länge: 1,1 mm
(beide Abb. umgezeichnet nach KESLING 1951)

Familie	**Kirkbyidae** ULRICH & BASSLER 1906
	Dorsalrand gerade, Klappen fast gleich groß. Meist mit subzentral gelegener Schließmuskelgrube (kirkbyoide Grube), oder einem glatten Feld (kirkbyoides Feldchen) im Schließmuskelbereich. Größere Klappe mit Kontaktfurche (meist RV). Skulptur aus Leisten und Höckern. Die Oberflächen sind retikuliert.
Stratigraphische Reichweite	Silur – Perm

Gattung	*Kirkbya* JONES 1859
Typus-Art	*Dithyrocaris permiana* JONES 1850
Stratigraphische Reichweite	Karbon – Perm (? ab Oberdevon)
Geographische Verbreitung	Europa, Asien, N-Amerika
Ökologie	marin, küstennah
Form und Skulptur	Größte Gehäuselänge am Dorsalrand oder in dessen Nähe. Keine Sulci und Loben. Am freien Rand zieht sich ein leistenartiger Kiel entlang.
Abgebildete Art	*Kirkbya waltheri* OMARA & GRAMANN 1966
Alter	Oberkarbon
Fundort	Wadi Araba, Ägypten

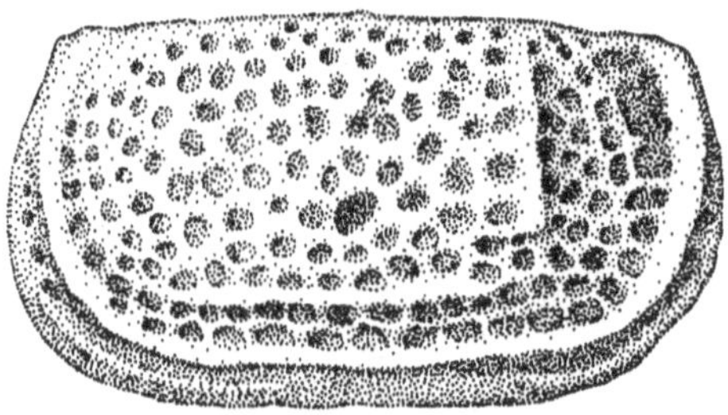

Abb. 33 Gehäuse von links; Länge: 0,79 mm (umgezeichnet nach OMARA & GRAMANN 1966)

Gattung	*Amphissites (Amphissites)* GIRTY 1910
Typus-Art	*Amphissites rugosus* GIRTY 1910
Stratigraphische Reichweite	Mitteldevon – Mittelperm
Geographische Verbreitung	Europa, Asien, N-Amerika
Form und Skulptur	Zentraler Knoten, kirkbyoide Grube anteroventral davon. 2 Rippen parallel zum freien Rand.
Abgebildete Art	*Amphissites parvus* COOPER 1946
Alter	Pericyclus-Stufe
Fundort	Modave, Belgien

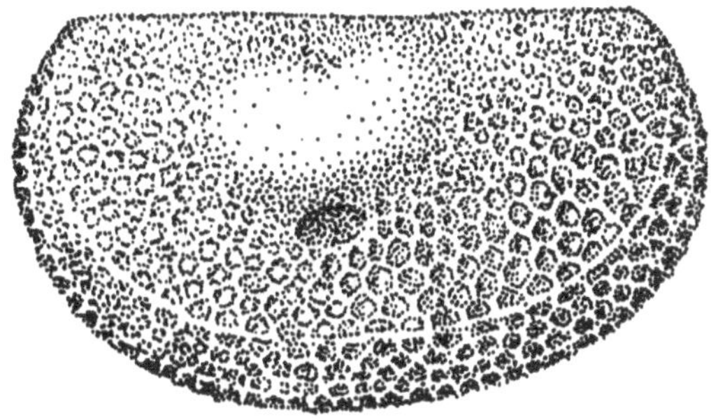

Abb. 34 *Amphissites parvus*
LV von außen; Länge: 1,3 mm

Gattung	*Polytylites* COOPER 1941
Typus-Art	*Polytylites geniculatus* COOPER 1941
Stratigraphische Reichweite	Ober Devon – Unter Perm
Geographische Verbreitung	Europa, Asien, N-Amerika
Form und Skulptur	Von *Amphissites* durch große Knoten bzw. Wülste unterscheidbar.
Abgebildete Art	*Polytylites ambitus* COOPER 1941
Alter	oberes Unterkarbon
Fundort	Illinois, USA

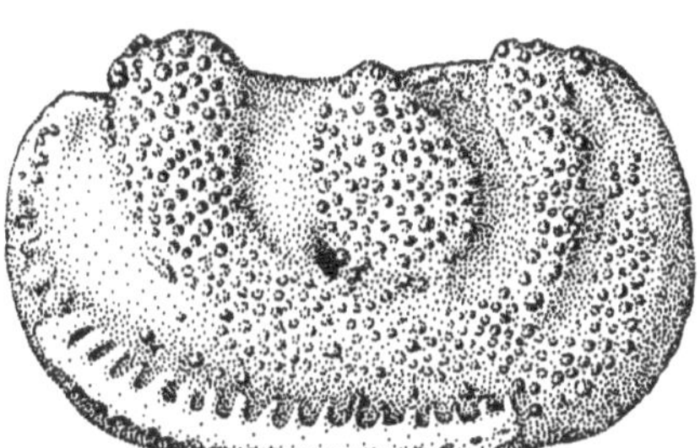

Abb. 35 RV von außen; Länge: 1,0 mm
(umgezeichnet nach SOHN 1961)

Familie	**Eurychilinidae** ULRICH & BASSLER 1923
	Dorsalrand gerade. Mittelfurche auch als Grube ausgebildet oder stark reduziert. Davor ein Knoten. Velum unterschiedlich breit. Teilweise nach innen gebogen; häufig mit dimorpher Anschwellung.
Stratigraphische Reichweite	Ordoviz – ? Silur

Gattung	*Eurychilina* ULRICH 1889
Typus-Art	*Eurychilina reticulata* ULRICH 1889
Stratigraphische Reichweite	Ordoviz – ?Unter-Silur
Geographische Verbreitung	Europa – N-Amerika
Form und Skulptur	Dorsalrand gerade; meist gut ausgebildete Mittelfurche, davor ein Knoten. Breites Velum. Oberflächen glatt bis retikuliert oder mit kleinen Tuberkeln besetzt.
Abgebildete Art	*Eurychilina* sp.
Alter	Mittleres Ordoviz (Edinburg Formation)
Fundort	USA

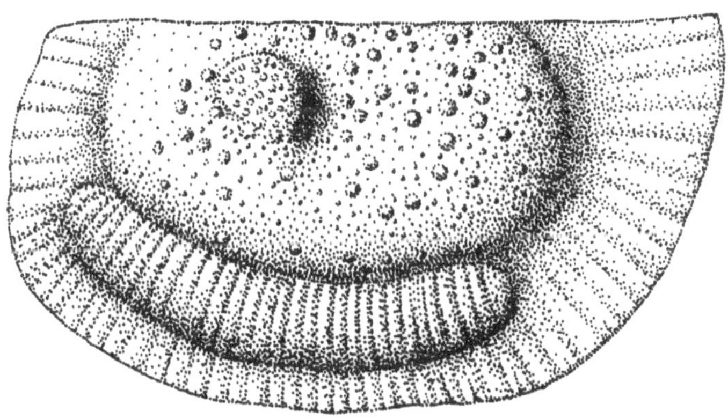

Abb. 36 LV eines Weibchens von außen; Länge: 2,1 mm (umgezeichnet nach MOORE 1961)

Gattung	*Platybolbina* HENNINGSMOEN 1953
Typus-Art	*Primitia distans* KRAUSE 1889
Stratigraphische Reichweite	Mittel – Oberordoviz
Geographische Verbreitung	Europa, N-Amerika
Form und Skulptur	Nur ein schwacher Sulcus (S2), davor ein deutlicher Muskelhöcker; breites Velum.
Abgebildete Art	*Platybolbina tiara* HENNINGSMOEN 1954
Alter	Oberordoviz, oberstes Ashgill
Fundort	Insel Hovedöya (Oslo)

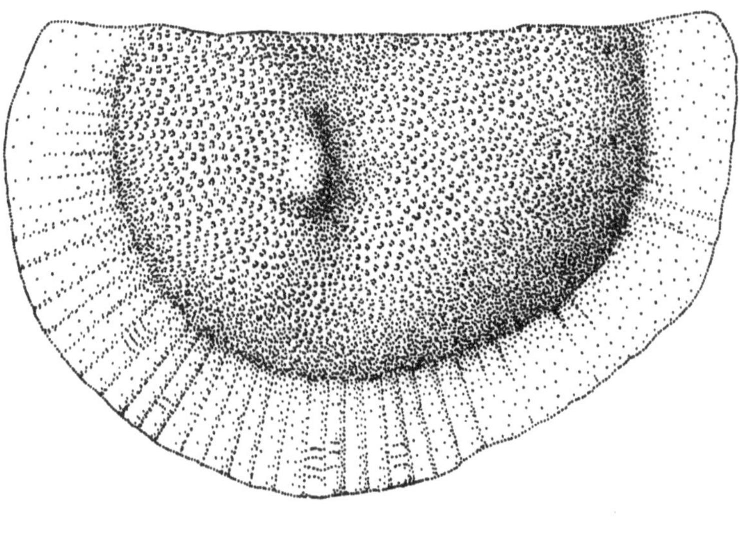

Abb. 37 LV eines Weibchens von außen; Länge: 2,0 mm (umgezeichnet nach HENNIGSMOEN 1954 in ELLIS & MESSINA)

Familie	**Aparchitidae** JONES 1901
	Keine Loben und Sulci. Ein Velum ist kaum zu erkennen, da es meist schmal ist und dicht am freien Rand liegt.
Stratigraphische Reichweite	Ordoviz – ?Unterkarbon

Gattung	*Aparchites* JONES 1889
Typus-Art	*Aparchites whiteavesi* JONES 1889
Stratigraphische Reichweite	Ordoviz – ?Devon
Geographische Verbreitung	nahezu weltweit
Form und Skulptur	Schmales Velum, glatte Oberflächen.
Abgebildete Art	*Aparchites fimbriatus* (ULRICH)
Alter	Mittleres Ordoviz (Edinburg Formation)
Fundort	USA

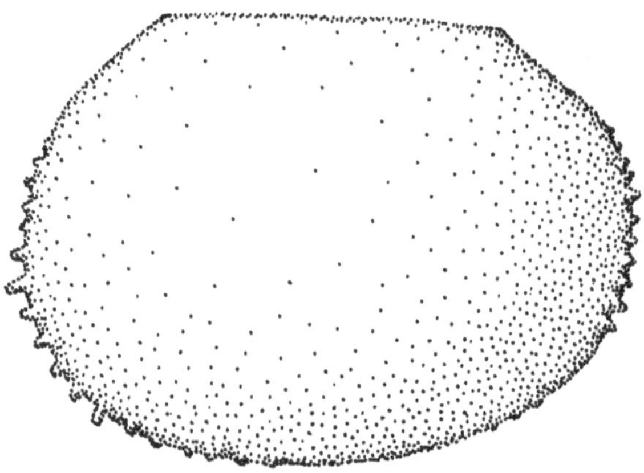

Abb. 38 LV von außen; Länge: 2,7 mm

Familie	**Primitiopsidae** SWARTZ 1936
	Velum schmal, hinten etwas breiter. Meist mit einer zentralen Grube (= S2). Oberflächen meist mit Gruben verziert, selten glatt.
Stratigraphische Reichweite	Ordoviz – Silur – ?Devon

Gattung	*Clavofabella* MARTINSSON 1955
Typus-Art	*Clavofabella incurvata* MARTINSSON 1955
Stratigraphische Reichweite	Mittleres Silur
Geographische Verbreitung	Europa
Form und Skulptur	Zentraler Sulcus als Grube ausgebildet. Kleines, leistenähnliches Velum. Retikuliert oder mit Grübchen verziert.
Abgebildete Art	*Clavofabella multidentata* MARTINSSON 1955
Alter	Mittleres Silur (Wenlock), Mulde Mergel
Fundort	Mulde, Gotland

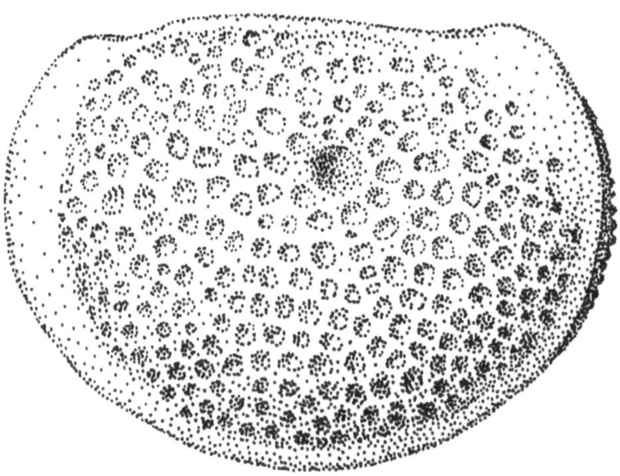

Abb. 39 RV von außen; Länge: 0,84 mm

Gattung	*Amygdalella* MARTINSSON 1956
Typus-Art	*Amygdalella subclusa* MARTINSSON 1957
Stratigraphische Reichweite	Silur
Geographische Verbreitung	N-W-Europa
Form und Skulptur	RV größer als LV, keine Sulci, glatt. Weibchen mit Velum, das als geschlossene Tasche ausgebildet sein kann.
Abgebildete Art	*Amygdalella subclusa* MARTINSSON 1957
Alter	Ober-Silur, Beyrichienkalk
Fundort	Berlin-Spandau (Geschiebe)

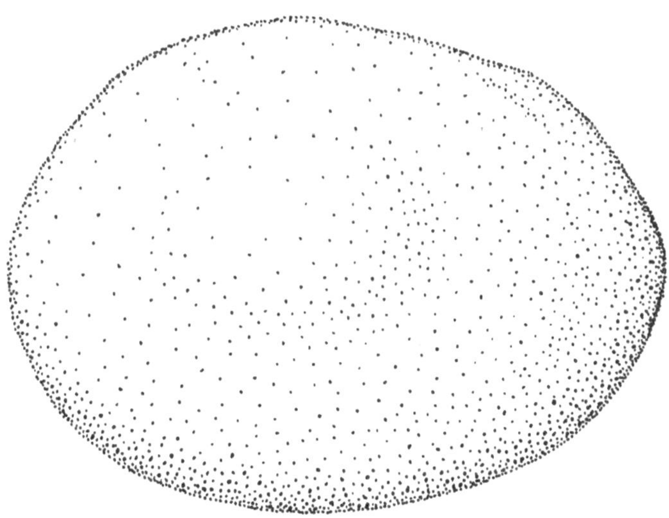

Abb. 40 RV von außen; Länge: 1,9 mm

Familiae incertae ordinis

Familie	**Öpikiidae** JAANUSSON 1957
Diagnose	Mittelfurche, aber sonst nur schwache Skulptur. Breites, dimorphes Velum, das in radial verlaufende hohle Kammern unterteilt ist. Hinterrand des Velums ist gerade bis schwach konkav.
Stratigraphische Reichweite	Ordoviz

Gattung	*Öpikium* AGNEW 1942
Typus-Art	*Biflabellum tenerum* ÖPIK 1935
Stratigraphische Reichweite	mittleres – oberes Ordoviz
Geographische Verbreitung	Europa
Form und Skulptur	schwach ausgebildete Mittelfurche. Breites, in lange radiale Kammern unterteiltes dimorphes Velum.

Abgebildete Art	*Öpikium tenerum* (ÖPIK 1935)
Alter	Ordoviz
Fundort	Estland

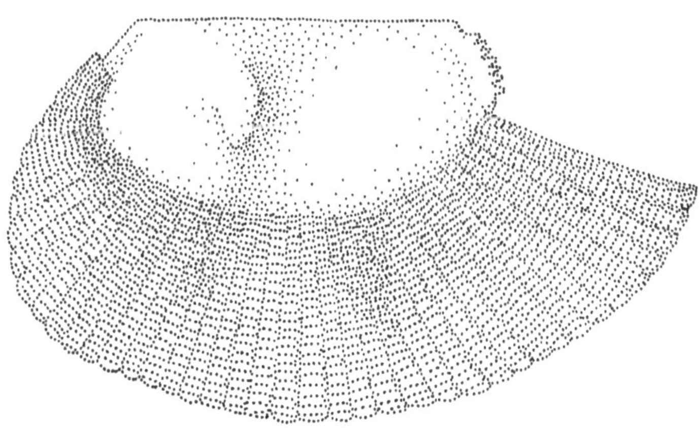

Abb. 41 LV des Geschlechts mit breitem Velum; Länge: 3,8 mm (umgezeichnet nach MOORE 1961)

Familie

Leperditellidae ULRICH & BASSLER 1906

Kein Velum. Ein schwach ausgebildeter Sulcus ist häufig vorhanden. Meist typischer „leperditioider" Rückwärtsschwung.
Ordoviz – Oberjura

Unterfamilien

Leperditellinae ULRICH & BASSLER 1906

Oberflächen glatt.
Leperditioider Umriß.

Eridoconchinae HENNINGSMOEN 1953

Leperditioder Umriß.
Am freien Rand manchmal eine Verdickung.
Häufig tritt ein kurzer, dorsal gelegener Sulcus auf. (= S2)

Gattung	*Cryptophyllus* LEVINSON 1951
Typus-Art	*Eridoconcha oboloides* ULRICH & BASSLER 1923
Stratigraphische Reichweite	Ordoviz – ?Jura
Geographische Verbreitung	Europa, N-Amerika
Form und Skulptur	Flache und breite Randrippe. Dorsal gelegener S2 kurz oder fehlend. Typische Retention der Jugendstadien wie bei *Eridoconcha* ULRICH & BASSLER 1923
Abgebildete Art	*Cryptophyllus sulcatus* LEVINSON 1951
Alter	Oberer Ordoviz (Richmondian, Elkhorn Formation)
Fundort	Richmond, Indiana, USA

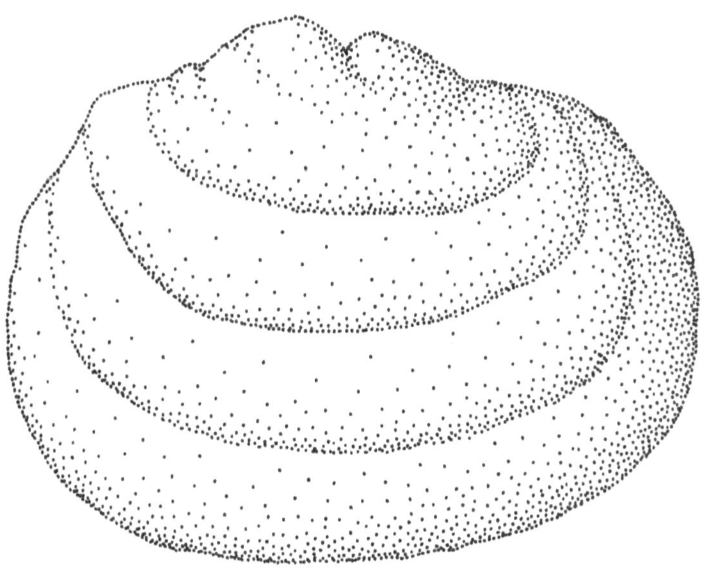

Abb. 42 RV eines Weibchens von außen; Länge: 0,65 mm) (umgezeichnet nach LEVINSON 1951)

Familie	**Alanellidae** BOUČEK 1936
	Sehr langer, gerader Schloßrand. Die Dorsalecken laufen spitz aus.
Stratigraphische Reichweite	Silur

Gattung	*Alanella* BOUČEK 1936
Typus-Art	*Alanella bohemica* BOUČEK 1936
Stratigraphische Reichweite	Silur
Geographische Verbreitung	N-Amerika – Europa
Form und Skulptur	Die Dorsalecken sind zu Dornen ausgezogen. Am freien Rand ein „flügelartiger Saum".
Abgebildete Art	*Alanella bohemica decurtata* BOUČEK 1936
Alter	Ober-Silur, mittl. Ludlow (Monograptus tumescens Stufe)
Fundort	Kalksteinbruch bei Kolednik (Beroun)

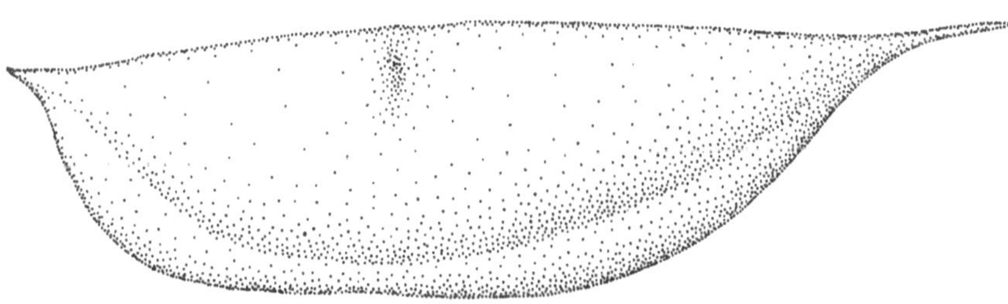

Abb. 43 LV von außen (Holotyp); Länge: 1,4 mm (umgezeichnet nach BOUČEK 1936)

Familie	**Conchoprimitiidae** HENNINGSMOEN 1953
	Leperditioider Umriß. Ein kurzer, dorsal gelegener Sulcus (= S2), der auch fehlen kann. Häufig Retention von Klappen eines früheren Stadiums.
Stratigraphische Reichweite	Ordoviz

Gattung *Conchoprimitia* ÖPIK 1935

Typus-Art: *Conchoprimitia gammae* ÖPIK 1935
Syn.: *Conchoides* HESSLAND 1949
Stratigraphische Reichweite: Ordoviz
Geographische Verbreitung: Europa, N-Amerika
Form und Skulptur: Furche in der oberen Klappenhälfte undeutlich. Durch (nicht immer auftretende) Retention von früheren Stadien, bis zu zwei Furchen parallel zum freien Rand.

Abgebildete Art: *Conchoprimitia tallinnensis* ÖPIK 1937
Alter: unt. Caradoc, Uhaku-Stufe.
Fundort: Tallinn, Estland

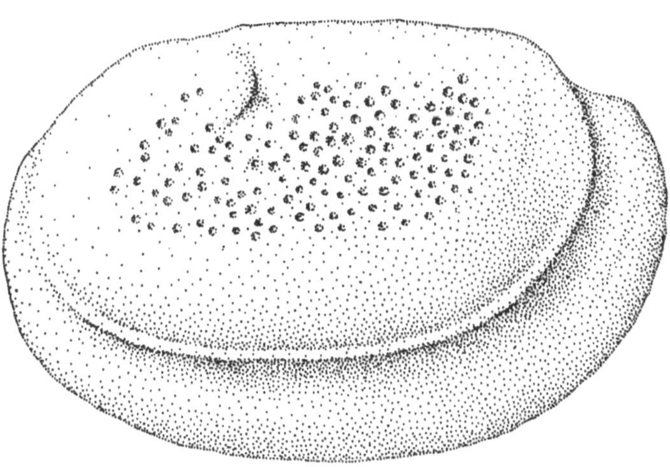

Abb. 44 LV von außen (Holotypus); Länge 2,3 mm (umgezeichnet nach ÖPIK 1937)

Familie	**Kloedenellidae** ULRICH & BASSLER 1908
	Dorsalrand gerade. Schalen sind dickverkalkt. Glatt bis trisulcat, ungleichklappig. Weibchen hinten mit Anschwellung.
Stratigraphische Reichweite	Ordoviz – Perm

Gattung	*Kloedenella* ULRICH & BASSLER 1908
Typus-Art	*Kloedenia pennsylvanica* JONES 1889
Stratigraphische Reichweite	Silur – ?Unterkarbon
Geographische Verbreitung	N-Amerika, Europa, Asien
Form und Skulptur	2 deutliche Sulci in der vorderen Schalenhälfte.
Abgebildete Art	*Kloedenella parvisulcata* SWARTZ & WHITMORE 1956
Alter	Obersilur
Fundort	New Jersey, USA

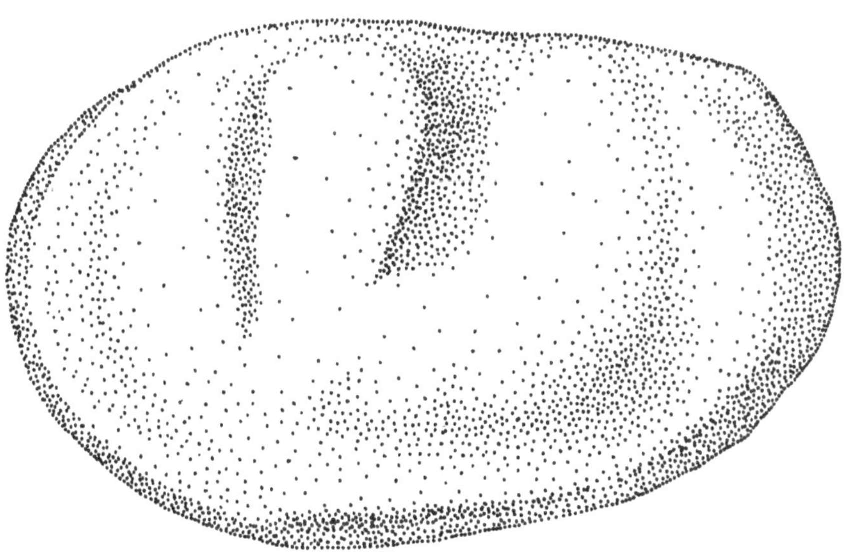

Abb. 45 LV von außen; Länge: 0,77 mm (umgezeichnet nach MOORE 1961)

Gattung	*Paraparchites* ULRICH & BASSLER 1906
Typus-Art	*Paraparchites humerosus* ULRICH & BASSLER 1906 Synonym: *Antiparaparchites* CORYELL & ROGATZ 1932
Stratigraphische Reichweite	Unter-Devon – mittl. Perm
Geographische Verbreitung	N-Amerika, Europa, Asien
Form und Skulptur	ungleichklappig; LV überragt meist RV. Einige Arten mit schwachem Dorn nahe der vorderen Dorsalecke. S2 fehlt.
Abgebildete Art	*Paraparchites okeni* (v. MÜNSTER 1830)
Alter	Unter-Visé
Fundort	Regnitzlosau bei Hof

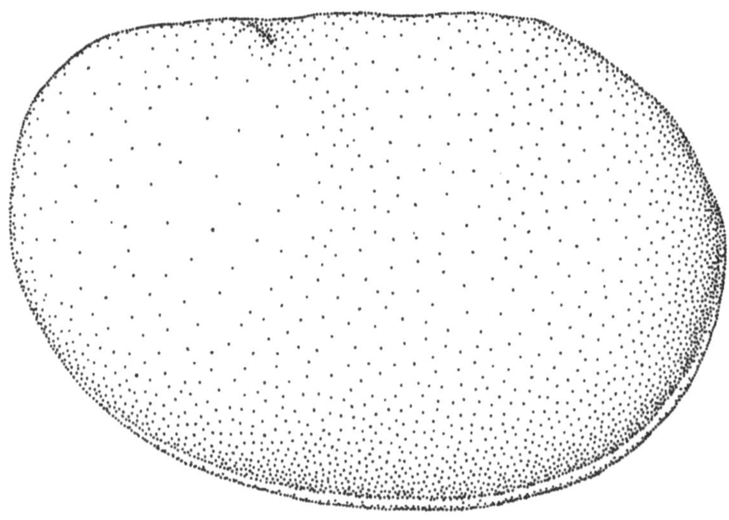

Abb. 46 LV von außen (Holotypus); Länge: 2,81 mm (umgezeichnet nach KUMMEROW 1939)

Gattung	*Glyptopleura* GIRTY 1910
Typus-Art	*Glyptopleura inopinata* GIRTY 1910 Synonym: *Glyptopleurites* CORYELL & JOHNSON 1939
Stratigraphische Reichweite	Karbon – Perm
Geographische Verbreitung	Europa, N-Amerika
Form und Skulptur	RV übergreift LV an den Dorsalecken und am freien Rand. S2 als ovale Grube. Oberflächen mit Längsrippen verziert, die vorn zusammenlaufen können.
Abgebildete Art	*Glyptopleura circumcostata* COOPER 1941
Alter	Oberes Unterkarbon, oberes Chesterian
Fundort	Illinois, USA

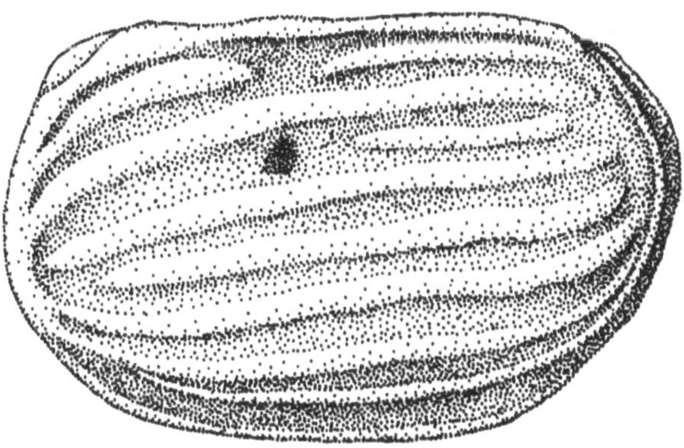

Abb. 47 LV von außen (Holotypus); Länge: 1,06 mm (umgezeichnet nach COOPER in ELLIS & MESSINA)

Fragliche Zugehörigkeit zu den **Kloedenellidae:**

Gattung	*Monoceratina* ROTH 1928
Typus-Art	*Monoceratina ventrale* ROTH 1928
Stratigraphische Reichweite	Paläozoikum – rezent
Geographische Verbreitung	weltweit
Ökologie	marin
Form	länglich, ähnlich einem Parallelogramm. Gerader Dorsalrand. Meist mit einem Kaudalfortsatz in Dorsalrandnähe. Fast immer mit einem dorn- oder flügelähnlichen Fortsatz pro Klappe.
Abgebildete Art	*Monoceratina pedata* MARSSON 1880
Alter	Oberes Campan, Grünsand
Fundort	Geschiebe, Berlin-Spandau

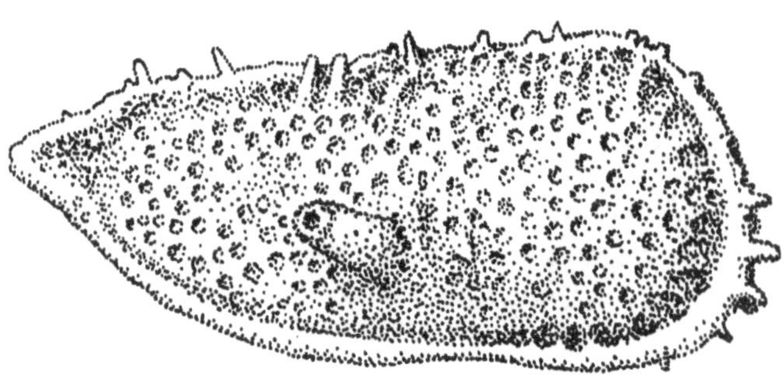

Abb. 48 RV von außen; Länge: 0,92 mm

Ordnung	**Myodocopida** POKORNÝ 1953
Diagnose	Häufig mit Rostralinzisur. Ventralrand konvex.
Ökologie	Alle rezenten Myodocopida leben im marinen Bereich, teils benthonisch, teils pelagisch.
Unterordnung	**Myodocopa** SARS 1866
Diagnose	Meist mit Rostrum und Rostralinzisur. Größte Breite vor der Mitte. Ein hochentwickeltes Herz ist vorhanden.
Ökologie	marin, einige Arten des Karbons sollen dem Süßwasserbereich angehören.
Familie	**Cypridinidae** BAIRD 1850
	Zahlreiche Schließmuskelnarben. Vorn mit Rostrum und Rostralinzisur. Meist konvexer Dorsal und Ventralrand. Schalen meist dick verkalkt, und manchmal mit Skulptur versehen.

Gattung	*Cypridina* MILNE-EDWARDS 1840
Typus-Art	*Cypridina renaudii* MILNE-EDWARDS 1840
Stratigraphische Reichweite	Maastricht – rezent
Geographische Verbreitung	weltweit
Ökologie	marin; vorwiegend pelagisch
Form	länglich oval, vorn mit Rostrum. LV größer als RV.
Skulptur und Ornamentierung	glatt oder mit kleinen Gruben
Innenlamelle	schmal; vorn mit kleinem Vestibulum
Porenkanäle	randständige Porenkanäle: zahlreich, gerade, kurz und einfach gebaut.
Muskelabdrücke	siehe Abb.
Schloß	adont
Abgebildete Art	*Cypridina homoedwardsiana* KEIJ 1967
Alter	Lutet
Fundort	Chaumont (Pariser Becken)

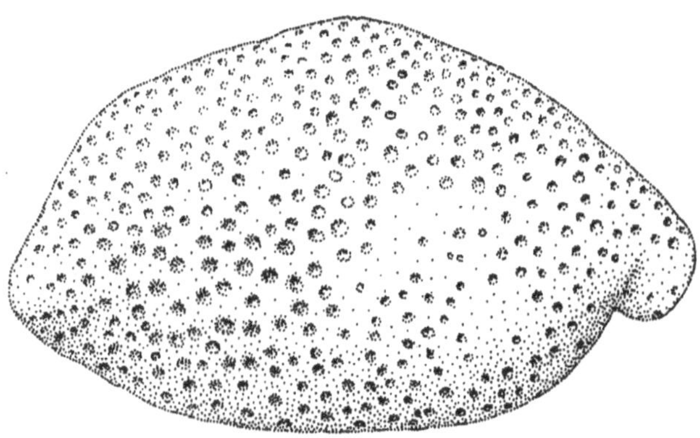

Abb. 49 RV von außen; Länge: 1,3 mm

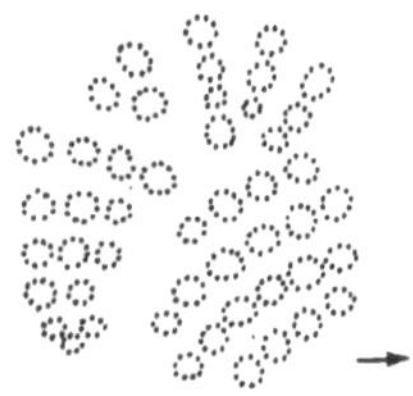

Abb. 50 Muskelfeld einer LV von innen

Familie **Entomoconchidae** BRADY 1868

Kein Rostrum oder Rostralinzisur.
Muskelfeld s. Abb. S. 12
Mitteldevon – Oberkarbon

Familie **Conchoeciidae** SARS 1866

Deutliches Rostrum, mit Ausnahme der Thaumatocypridinae. Rostralinzisur meist nahe des Dorsalrandes.
Jura – rezent

Gattung	*Thaumatocypris* MÜLLER 1906
Typus-Art	*Thaumatocypris echinata* MÜLLER 1906
Stratigraphische Reichweite	Lias – rezent
Geographische Verbreitung und Ökologie	Europa (fossil) im ?flachen Meer, bis 200 m Wassertiefe. Indischer Ozean (rezent) in 1100 m Wassertiefe.
Form	rundlich; hinten mit einem Dorn, vorn mit zwei Stacheln
Skulptur und Ornamentierung	retikuliert oder mit dünnen Leisten verziert.
Muskelabdrücke	siehe Abb. S. 12
Schloß	kaum bekannt
Beziehungen	von Polycope durch die randlichen Dorne unterscheidbar.
Abgebildete Art	*Thaumatocypris bettenstaedti* BARTENSTEIN 1949
Alter	Oberster Lias
Fundort	N-Deutschland

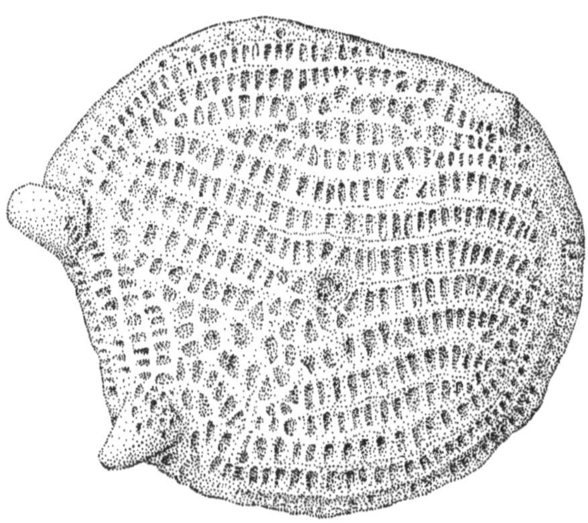

Abb. 51 LV von außen (Holotypus); Länge: 0,85 mm (umgezeichnet nach BARTENSTEIN 1949)

Familie	**Entomozoidae** PŘIBYL 1951
	Form meist elliptisch – eiförmig, oder mit geradem Dorsalrand. Schalen dünnwandig. Mittelfurche nach vorn konkav. Oberflächen meist mit feinen Rippen verziert.
Stratigraphische Reichweite	Ordoviz – ? Perm

Gattung	*Entomozoe* PŘIBYL 1951
Typus-Art	*Entomis tuberosa* JONES 1861
Stratigraphische Reichweite	Ordoviz – Karbon
Geographische Verbreitung	weltweit
Form und Skulptur	ungefähr dreieckig in Seitenansicht; nach vorn konkaver Sulcus. deutliches Längsrippenmuster.
Abgebildete Art	*Entomozoe (Richteria) migrans* (BARRANDE 1872)
Alter	Mittleres Silur ob. Wenlock bis unt. Ludlow
Fundort	Geschiebe, Berlin

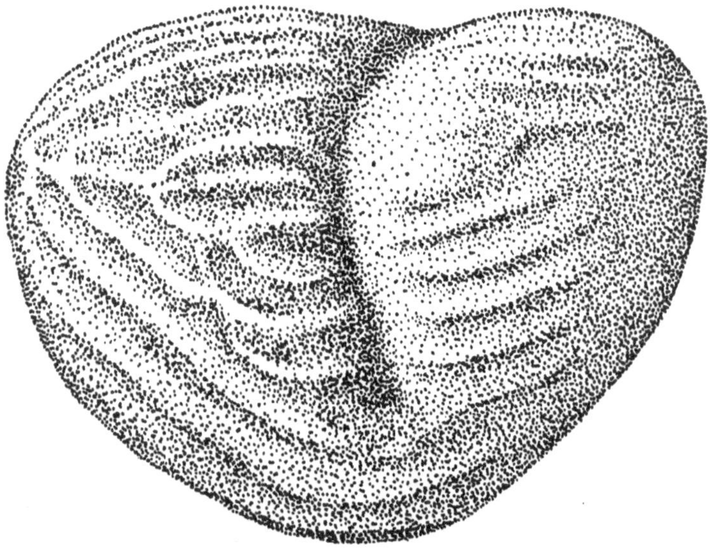

Abb. 52a *Entomozoe migraus*
RV von außen; Länge: 2,0 mm

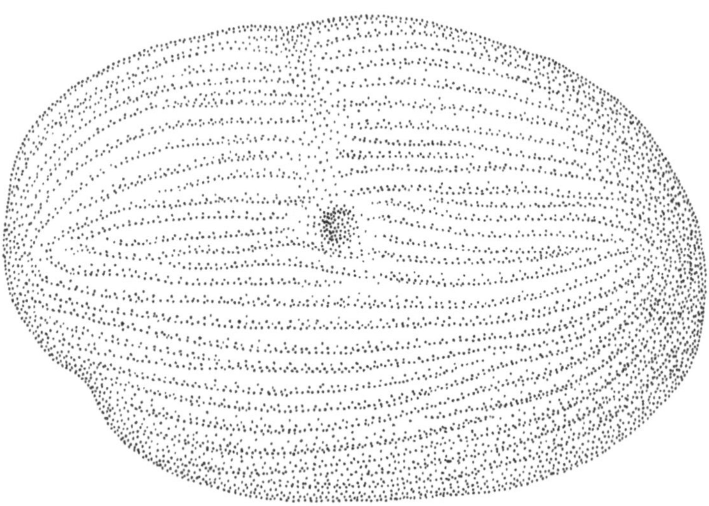

Abb. 52b *Entomozoe (Nehdentomis) pseudorichterina* (MATERN 1929)
Alter: Oberdevon (Adorf-Stufe), Oos
Steinkern von links, Länge: 1,55 mm
(umgezeichnet nach RABIEN 1954)

Unterordnung	**Cladocopa** SARS 1866
Gattung	*Polycope* SARS 1866
Typus-Art	*Polycope orbicularis* SARS 1866
Stratigraphische Reichweite	Lias – rezent
Geographische Verbreitung	weltweit
Ökologie	marin; benthonisch in unterschiedlichen Wassertiefen. Leben auf dem Substrat und können sich nur kurz vom Boden erheben.
Form	fast kreisförmig
Skulptur und Ornamentierung	glatt bis retikuliert, manchmal Randzähne.
Innenlamelle	sehr schmal, Innenrand und Verwachsungslinie fallen nicht zusammen.
Porenkanäle	randständige Porenkanäle im Detail nicht bekannt.
Muskelabdrücke	siehe Abb. 53
Schloß	adont
Sexualdimorphismus	♀♀ größer und mit unterschiedlicher Randbezahnung.
Abgebildete Art	*Polycope* cf. *pumicosa* APOSTULESCU 1959
Alter	oberes Pliensbach
Fundort	Schnaittach – Franken

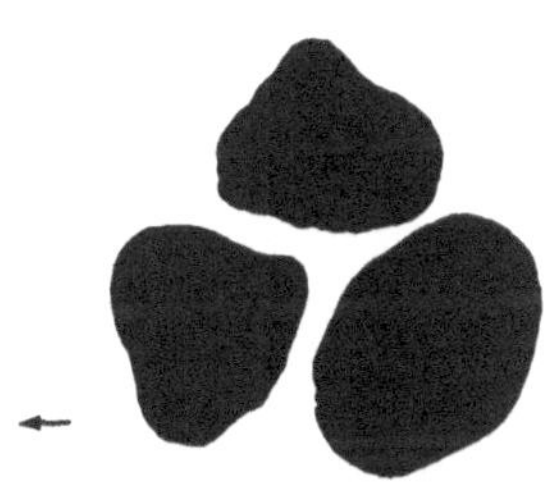

Abb. 53 zentrales Muskelfeld; schematisch (nach VAN MORKHOVEN 1963)

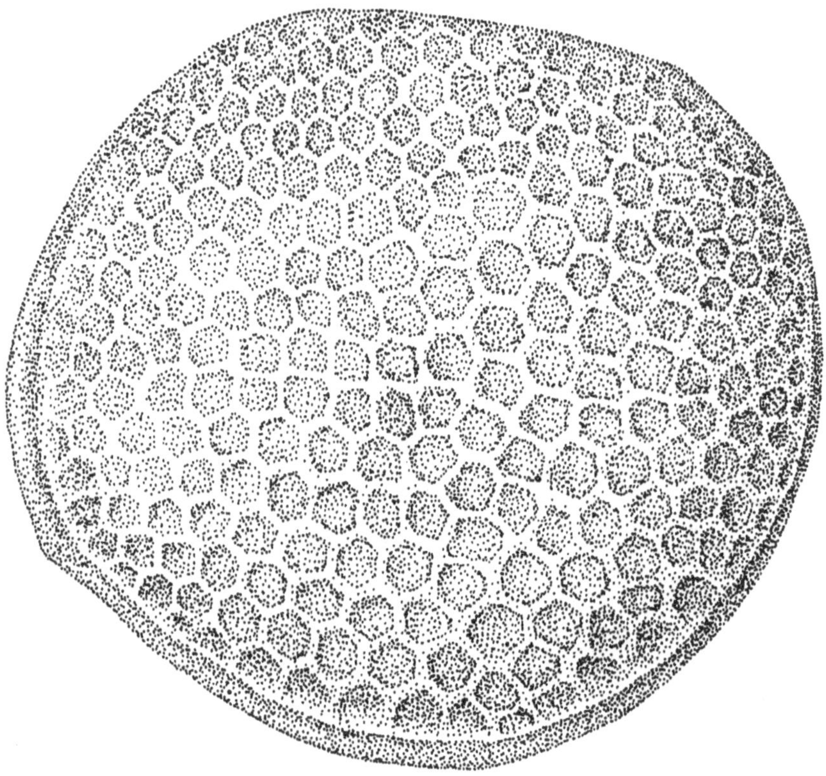

Abb. 54 *Polycope* cf. *pumicosa*
Gehäuse von links

Ordnung	**Podocopida** POKORNY 1953
Diagnose	Schalen und zumindest Teile der Innenlamelle verkalkt. Dorsalrand gebogen. Ohne Herz und seitliche Augen.
Stratigraphische Reichweite	Ordoviz – rezent
Unterordnung	**Platycopa** SARS 1866
Diagnose	Verkalkung des inneren Schalenblattes nur in den äußeren Teilen als Fortsetzung des äußeren Schalenblattes. Ein Innenrand fehlt meist. Keine echten randständigen Porenkanäle, Bautyp der flächenständigen Porenkanäle.
Ökologie	ausschließlich marin
Stratigraphische Reichweite	Ordoviz – rezent
Familie	**Cytherellidae** SARS 1866
Diagnose	In Seitenansicht länglich-oval. Vorn und hinten ungefähr gleich hoch. Ein Schloß ist nicht immer ausgebildet. Dimorphe Gehäuse: hinten mit Brutraum.
Stratigraphische Reichweite	Devon – rezent

Gattung	*Cytherella* JONES 1849
Typus-Art	*Cytherina ovata* ROEMER 1840
Stratigraphische Reichweite	? Paläozoikum – Jura – rezent
Geographische Verbreitung	weltweit
Ökologie	marin, in unterschiedlicher Wassertiefe. seltener im brackischen Bereich.
Form	oval bis abgerundet rechteckig.
Skulptur und Ornamentierung:	glatt oder mit kleinen Grübchen verziert.
Innenlamelle	einfache Fortsetzung der Außenlamelle
Porenkanäle	randständige Porenkanäle sind zahlreich
Muskelabdrücke	siehe Abb. 55
Schloß	Außenrand der kleineren LV greift ringsherum in eine Furche der RV.
Sexualdimorphismus	♀♀ hinten breiter als ♂♂
Beziehungen	Das typische Muskelfeld erlaubt eine klare Abgrenzung von anderen Gattungen. Von *Cytherelloidea* durch Skulptur abgetrennt.

Abgebildete Art	*Cytherella* sp.
Alter	Obercampan (Geschiebe)
Fundort	Berlin-Spandau

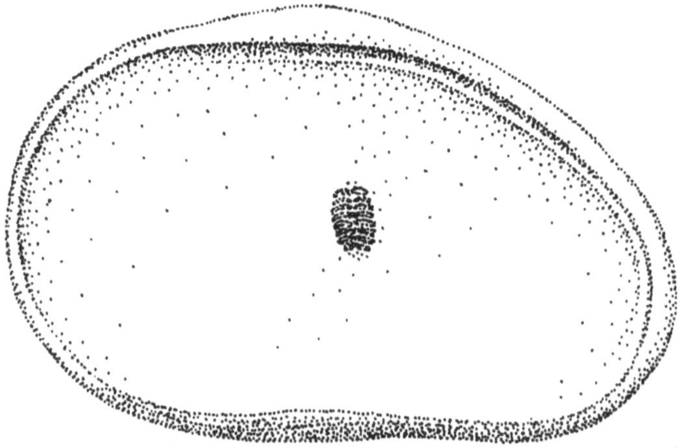

Abb. 55 LV von innen; Länge: 0,98 mm

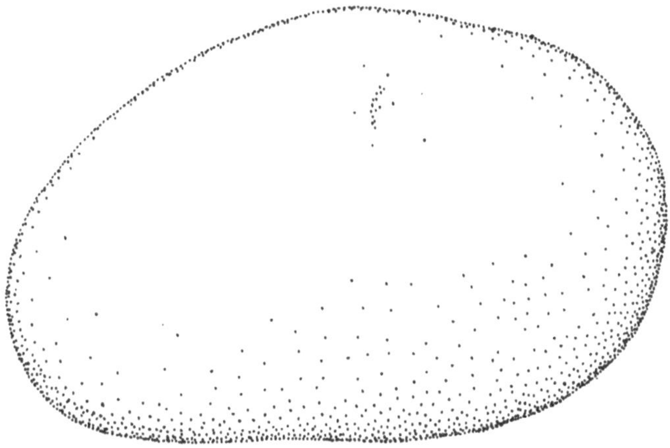

Abb. 56 *Cytherella* sp.
LV von außen; Länge: 0,98 mm

Gattung	*Cytherelloidea* ALEXANDER 1929
Typus-Art	*Cythere (Cytherella) williamsoniana* JONES 1849
Stratigraphische Reichweite	Lias – rezent
Geographische Verbreitung	weltweit
Ökologie	marin, in flachem warmen Wasser, seltener im brackischen Bereich.
Form	stark abgerundet rechteckig; LV größer als RV.
Skulptur und Ornamentierung	meist kräftige Längsrippen und eine Randrippe vorn. Sonst glatt, mit Höckern oder mit Gruben verziert.
Innenlamelle	nur in sehr primitiver Form vorhanden
Porenkanäle	randständige Porenkanäle zahlreich
Muskelabdrücke	wie *Cytherella*
Schloß	wie *Cytherella*
Sexualdimorphismus	♀♀ hinten mit zwei Einsenkungen (posterodorsal und posteroventral)
Beziehungen	von *Cytherella* durch die deutliche Ornamentierung unterschieden.

Abgebildete Art	*Cytherelloidea granulosa* JONES 1849
Alter	Obercampan (Geschiebe)
Fundort	Berlin-Spandau

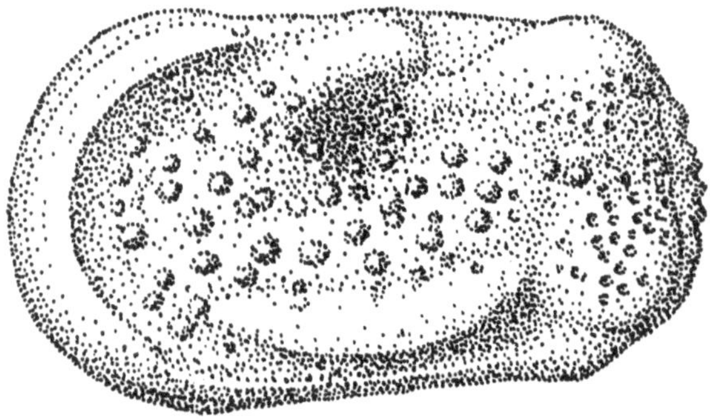

Abb. 57 LV Weibchens von außen; Länge: 0,79 mm

Familie	**Healdiidae** HARLTON 1933
Diagnose	In Seitenansicht ungefähr dreieckig-oval. Die größere Klappe weist eine glatte bis taxodonte Kontaktfurche auf. Inneres Schalenblatt nur distal verkalkt.
Stratigraphische Reichweite	Paläozoikum – Lias

Gattung	*Hungarella* MEHES 1911 Synonym: *Ogmoconcha TRIEBEL 1941*
Typus-Art	*Bairdia ?problematica* MEHES 1911
Stratigraphische Reichweite	Trias – Lias
Geographische Verbreitung	vermutlich weltweit
Ökologie	marin
Form	oval bis leicht dreieckig
Skulptur und Ornamentierung	meist dickschalig-glatt. Häufig Randzähne.
Innenlamelle	einfacher Umschlag der Außenlamelle.
Porenkanäle	Alle Porenkanäle verlaufen senkrecht zur Schalenoberfläche; sie sind zahlreich.
Muskelabdrücke	siehe Abb.
Schloß	Außenrand der RV greift in eine Kontaktfurche der größeren LV
Beziehungen	von *Cytherella* durch Muskelfeld und Schloß unterschieden.
Abgebildete Art	*Hungarella contractula* (TRIEBEL 1941)
Alter	ob. Pliensbachien
Fundort	Schnaittach, Mittelfranken

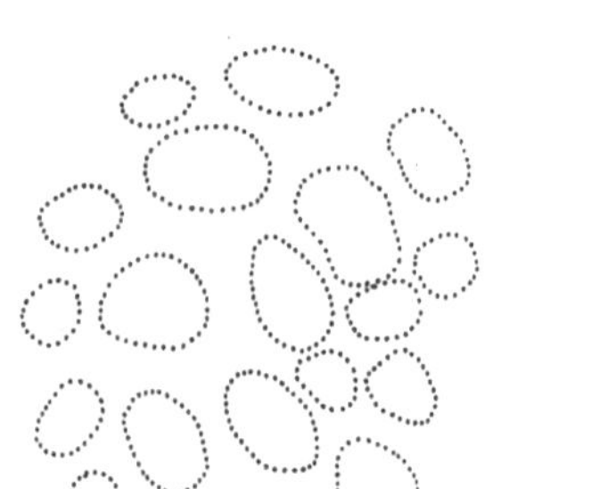

Abb. 58 Muskelfeld einer LV von innen (umgezeichnet nach TRIEBEL 1941)

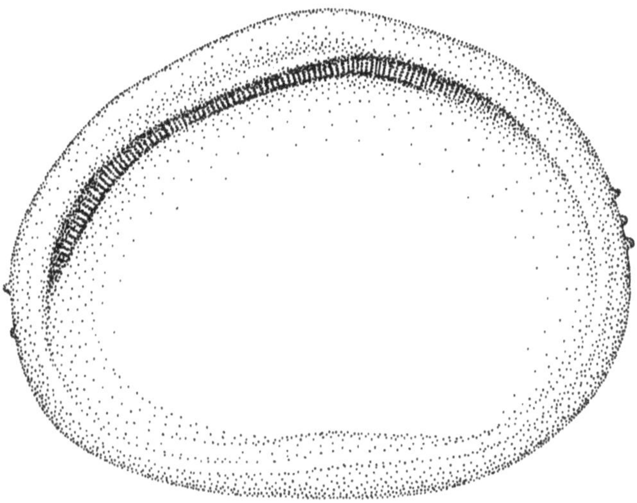

Abb. 59 *Hungarella contractula*
LV von innen; Länge: 0,86 mm

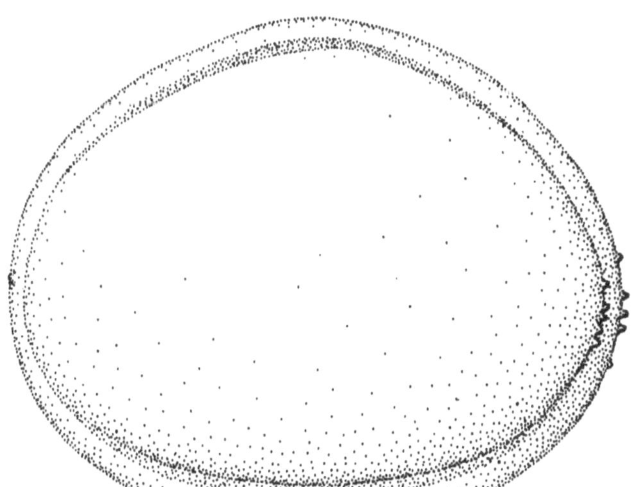

Abb. 60 Gehäuse von rechts; Länge: 0,83 mm

Familie	**Thlipsuridae** ULRICH 1894
Diagnose	In Seitenansicht oval bis nierenförmig. Ventralrand meist gerade. Glatte bis skulptierte Schalen. Kontaktfurche am Dorsalrand unterbrochen.
Stratigraphische Reichweite	Silur – Karbon

Gattung	*Thlipsura* JONES & HOLL 1869
Typus-Art	*Thlipsura corpulenta* JONES & HOLL 1869
Stratigraphische Reichweite	Silur – Devon
Geographische Verbreitung	Europa – N-Amerika
Form und Skulptur	in Seitenansicht nierenförmig-oval. Die hinteren Schalenteile werden durch Furchen in 2 bis 3 Lappen aufgeteilt. Die Oberflächen sind sonst glatt.
Abgebildete Art	*Thlipsura corpulenta* JONES & HOLL 1869 Synonym: *Craterellina* ULRICH & BASSLER 1913
Alter	Silur
Fundort	England

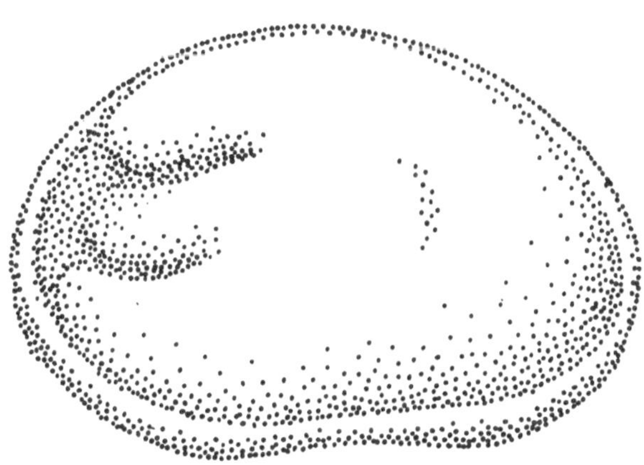

Abb. 61 Gehäuse von rechts
(umgezeichnet nach MOORE 1961)

Gattung	*Thlipsurella* SWARTZ 1932
Typus-Art	*Thlipsurella ellipsoclefta* SWARTZ 1932
Stratigraphische Reichweite	Silur – Devon
Geographische Verbreitung	Europa – N-Amerika
Form und Skulptur	Die Schalen sind glatt und in der Mitte am stärksten gewölbt; in Seitenansicht nierenförmig-oval. Auf dem hinteren Schalenteil mit zwei ungefähr längs verlaufenden Furchen, davor eine vertikale Furche.
Abgebildete Art	*Thlipsurella discreta* (JONES 1887) Synonym: *Primitia minuta* KRAUSE 1877
Alter	Silur
Fundort	Mulde, Gotland

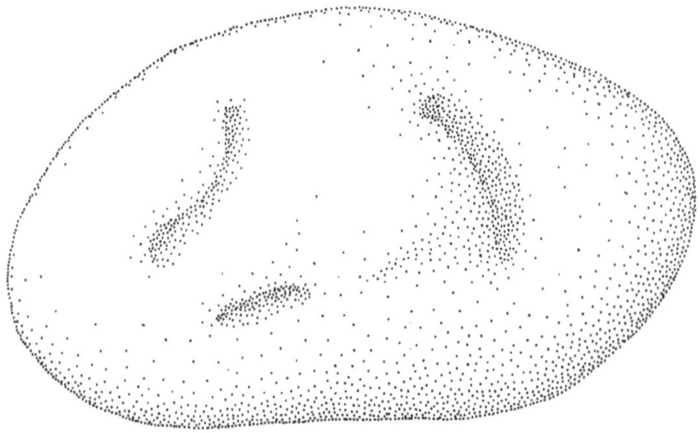

Abb. 62 RV von außen, Länge: 1,05 mm
(umgezeichnet nach POKORNY 1958)

Familie	**Barychilinidae** ULRICH 1894
Diagnose	In Seitenansicht rhombisch. Gehänge sind klein und haben dicke Schalen. Oberflächen mit Rippenmuster.
Stratigraphische Reichweite	Ordoviz – Karbon

Familie	**Beecherellidae** ULRICH 1894 Die Zugehörigkeit zu den Platycopa ist unsicher.
Diagnose	Klappen ungleich. Mindestens eine der Klappen hinten dornartig ausgezogen.
Stratigraphische Reichweite	Ordoviz – Devon

Gattung	*Krausella* ULRICH 1894
Typus-Art	*Krausella inaequalis* ULRICH 1894
Stratigraphische Reichweite	Ordoviz – Silur ?Miozän
Geographische Verbreitung	Europa, N-Amerika
Ökologie	marin
Form	Länglich oval, LV überragt RV bis auf das Hinterende. RV läuft hinten zu einem Dorn aus.
Länge	1,5–2,5 mm
Skulptur und Ornamentierung	glatt
Schloß	vermutlich ohne Schloß.
Beziehungen	Es gibt einige Arten aus Kreide und Tertiär, die möglicherweise zu *Krausella* gehören. Vor einer solchen Zuordnung sind aber noch detaillierte Untersuchungen der paläozoischen Arten notwendig.

Abgebildete Art	*Krausella* sp.
Alter	Mittleres Ordoviz
Fundort	USA

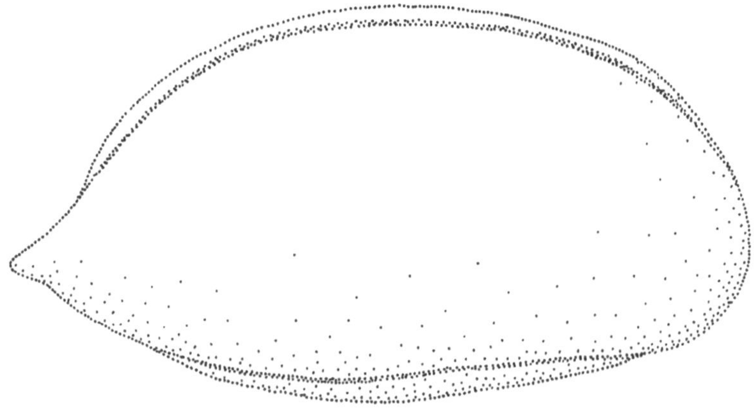

Abb. 63 Gehäuse von rechts; Länge: 1,82 mm

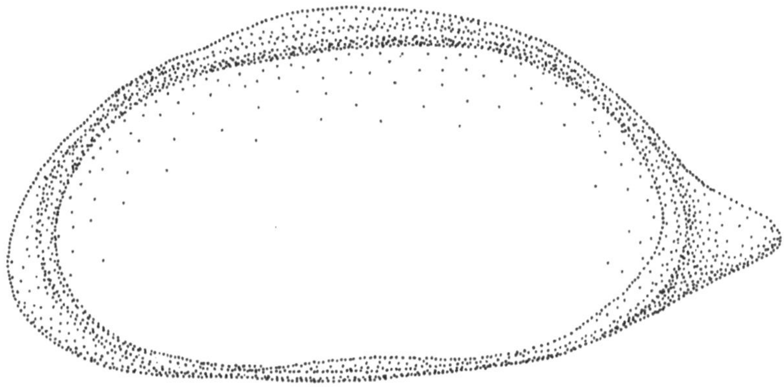

Abb. 64 *Krausella* sp.
RV von innen; Länge: 1,86 mm

Unterordnung	**Podocopa** SARS 1866
Diagnose	Gut und breit entwickelte Verwachsungszone. Randständige Porenkanäle haben meist eine andere Morphologie als die flächenständigen. Freier verkalkter Teil des inneren Schalenblattes meist vorhanden.
Ökologie	marin bis limnisch
Stratigraphische Reichweite	Paläozoikum – rezent

Familie	**Darwinulidae** BRADY & NORMAN 1889
Diagnose	Länglich-oval. Schalen sind dünn und glatt. Klappen hinten höher als vorn. Einfach gebautes Schloß.
Ökologie	Lebt überwiegend im Süßwasser, aber auch in schwach salzhaltigem Wasser.
Stratigraphische Reichweite	Karbon – rezent

Gattung	*Darwinula* BRADY & NORMAN 1889
Typus-Art	*Polycheles stevensoni* BRADY & ROBERTSON 1870
Stratigraphische Reichweite	Karbon – rezent
Geographische Verbreitung	weltweit
Ökologie	Süßwasser; selten auch im brackischen Milieu.
Form	in Seitenansicht länglich-zylindrisch; vorn und hinten gerundet.
Skulptur und Ornamentierung	glatt und dünnschalig
Innenlamelle	sehr schmal, Details unbekannt
Porenkanäle	unbekannt
Muskelabdrücke	siehe Abb. 65a
Schloß	adont
Beziehungen	durch das charakteristische zentrale Muskelfeld und den Umriß klar von anderen Gattungen unterscheidbar.

Abgebildete Art	*Darwinula stevensoni* (BRADY & ROBERTSON 1870)
Alter	Pleistozän
Fundort	Fürstenberg/Oder (Bohrung)

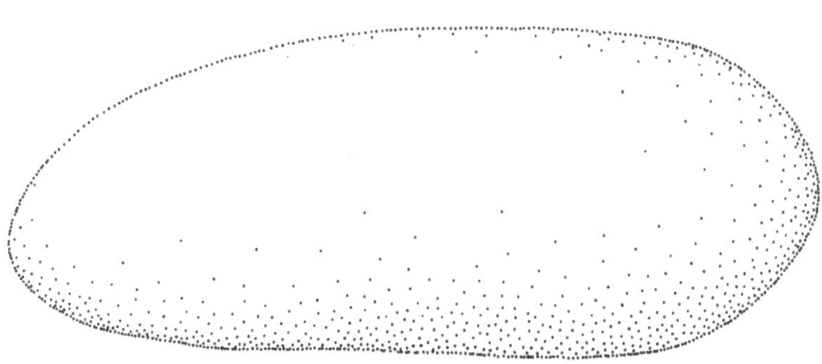

Abb. 65 LV von außen; Länge: 0,71 mm

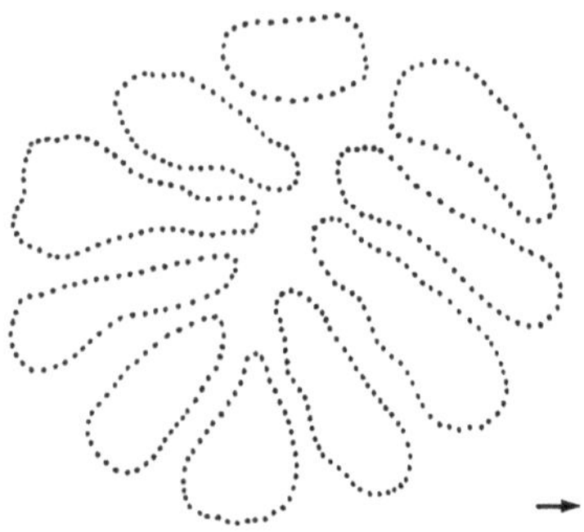

Abb. 65 a *Darwinula stevensoni*
Holozän, Holland
Muskelfeld einer LV von innen
(umgezeichnet nach WAGNER 1957)

Familie	**Bairdiidae** SARS 1888
Diagnose	Ungleichklappig. In Seitenansicht trapezoid-oval („bairdioid"). Zentrales Muskelfeld variabel. Schloß ohne oder mit Zähnen.
Ökologie	marin
Stratigraphische Reichweite	Paläozoikum – rezent

Gattung	*Bairdia* McCOY 1844
Typus-Art	*Bairdia curtus* McCOY 1844
Stratigraphische Reichweite	Silur – rezent
Geographische Verbreitung	weltweit
Ökologie	marin, in unterschiedlicher Wassertiefe
Form	oval-trapezoid in Seitenansicht
Skulptur und Ornamentierung	Schalen glatt oder mit kleinen Grübchen besetzt. Randzähne sind häufig.
Innenlamelle	mäßig breit, Vestibula vorn und hinten.
Porenkanäle	randständige Porenkanäle sind zahlreich, gerade und einfach gebaut.
Muskelabdrücke	siehe Abb. 67
Schloß	einfach: LV mit Grube, in die der Dorsalrand der RV greift. Im Bereich der Schalenwinkel können bei einigen Arten Zahngruben (LV) und Zähne (RV) auftreten, siehe Abb. 67
Beziehungen	*Schuleridea* hat ein anderes Muskelfeld. *Triebelina* VAN DEN BOLD 1946 zeigt eine Grobskulptur.

Abgebildete Art	*Bairdia gliberti* KEIJ 1957
Alter	Lutet IV
Fundort	Grignon, Pariser Becken, Frankreich

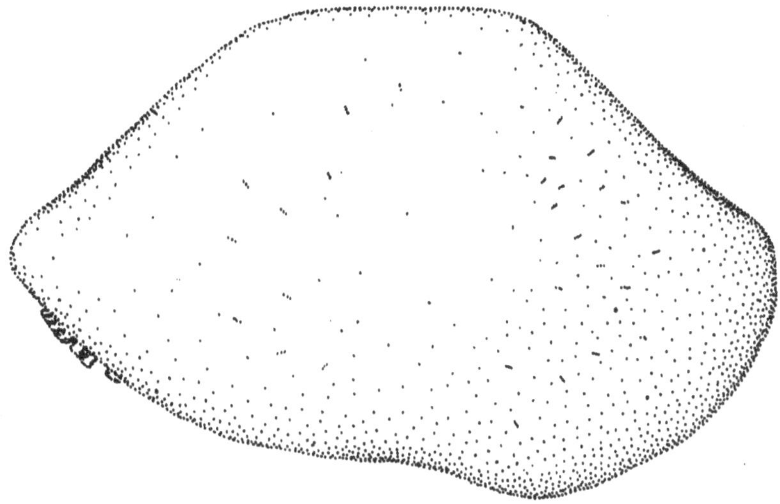

Abb. 66 *Bairdia gliberti*
RV eines Weibchens von außen; Länge: 1,16 mm

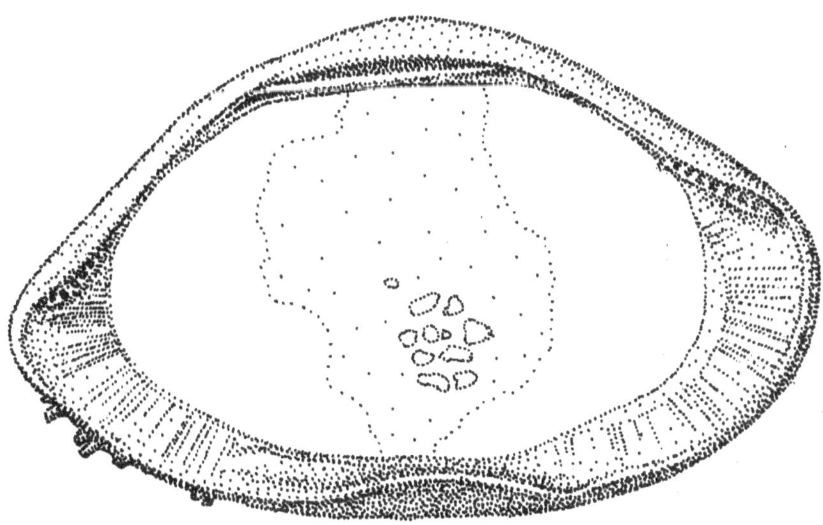

Abb. 67 LV eines Weibchens von innen; Länge: 1,18 mm

Gattung	*Bythocypris* BRADY 1880
Typus-Art	*Bythocypris reniformis* BRADY 1880
Stratigraphische Reichweite	? Ordoviz – rezent
Geographische Verbreitung	weltweit
Ökologie	marin, bathyal
Form	länglich; bohnenförmig in Seitenansicht. Länge: 0,5 – über 1 mm; LV größer als RV
Skulptur und Ornamentierung	glatt
Innenlamelle	schmale, verschmolzene Zone; große Vestibula
Porenkanäle	wenig zahlreich, einfach und gerade. Mehrere falsche randständige Porenkanäle. Flächenständige Porenkanäle mäßig zahlreich.
Muskelabdrücke	siehe Abb. 68
Schloß	adont
Abgebildete Art	*Bythocypris* aff. *reniformis* BRADY 1880
Alter	rezent
Fundort	Nordatlantik

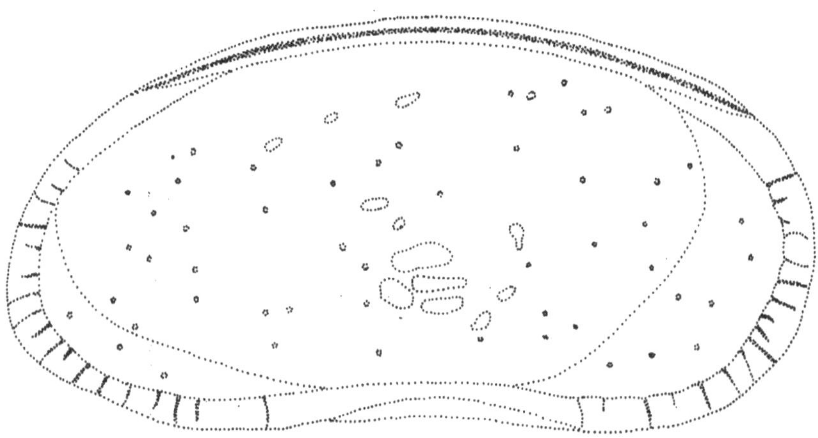

Abb. 68 LV von innen; Länge: 1,1 mm
(umgezeichnet nach VAN MORKHOVEN 1963)

Familie	**Macrocyprididae** MÜLLER 1912
Diagnose	Dorsalrand weit gebogen. Ventralrand gerade bis schwach konkav. Hinten spitz. Zahlreiche einfache und gerade randständige Porenkanäle.
Ökologie	marin
Stratigraphische Reichweite	? Paläozoikum – rezent

Gattung	*Macrocypris* BRADY 1868
Typus-Art	*Cythere minna* BAIRD 1850
Stratigraphische Reichweite	Unterkreide – rezent
Geographische Verbreitung	weltweit
Ökologie	marin, in tieferem Wasser (infra-neritisch und bathyal).
Form	Länglich, in Seitenansicht ähnlich einem Querschnitt durch einen Vogelflügel. RV größer als LV; Größe zwischen 1 und 3 mm.
Skulptur und Ornamentierung	glatt und einigermaßen dünnschalig.
Innenlamelle	Vorn und hinten breit mit großen Vestibula. Innenrand und Verwachsungslinie fallen nur am Venter zusammen.
Porenkanäle	Randständige Porenkanäle sind zahlreich, einfach und gerade, siehe Abb. 72. Flächenständige P. selten und klein.
Muskelabdrücke	Zentrale Muskelnarben in zwei Gruppen angeordnet, vgl. Abb. 71
Schloß	merodont – entomodont
Sexualdimorphismus	♂♂ kleiner als ♀♀.
Beziehungen	Von *Paracypris* durch Schloß und Muskelfeld, von *Argilloecia* durch Schloß und Bau der Innenlamelle unterscheidbar.
Abgebildete Art	*Macrocypris* sp.
Alter	Ober-Campan Geschiebe
Fundort	Berlin-Spandau

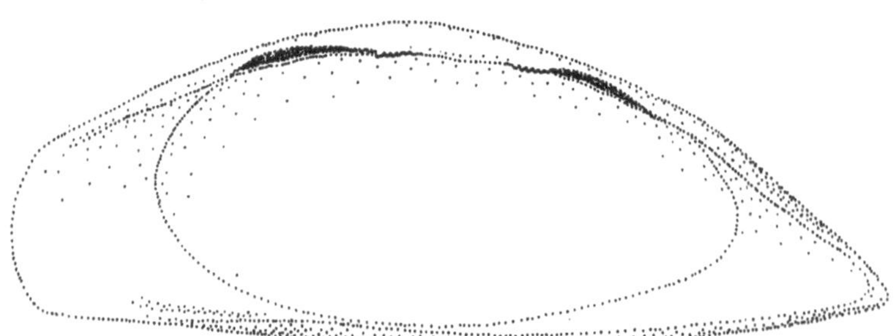

Abb. 69 RV von außen; Länge: 2,1 mm

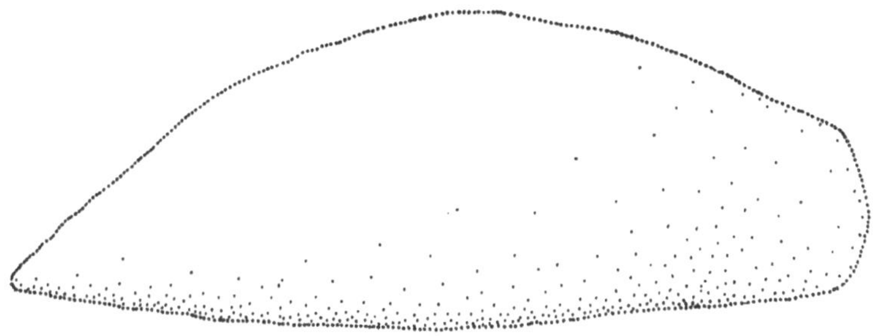

Abb. 70 *Macrocypris* sp.
RV von innen; Länge 2,1 mm

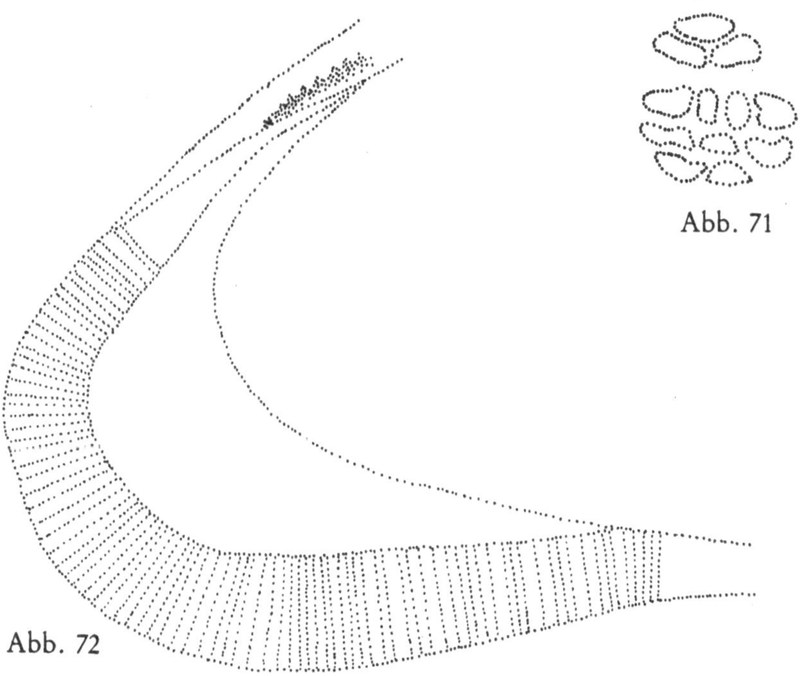

Abb. 71

Abb. 72

Abb. 71 Zentrales Muskelfeld einer LV von *Macrocypris minna* (BAIRD 1850) von außen
(umgezeichnet nach VAN MORKHOVEN 1963)

Abb. 72 Vorderrand von *Macrocypris minna* (B) von innen
(umgezeichnet nach SYLVESTER-BRADLEY 1948)
Länge: 0,69 mm

Familie	**Cyprididae** BAIRD 1845
Diagnose	Meist dünne, glatte, schwach ornamentierte Klappen. Typisches zentrales Muskelfeld. Teilweise breite Innenlamelle.
Ökologie	Die meisten Gattungen leben im Süßwasser, nur wenige im marinen Bereich.
Stratigraphische Reichweite	Paläozoikum – rezent

Gattung	*Cypris* O. F. MÜLLER 1776
Unterfamilie	Cypridinae
Typus-Art	*Cypris pubera* O. F. MÜLLER 1776
Stratigraphische Reichweite	Pleistozän – rezent
Geographische Verbreitung	weltweit
Ökologie	Süßwasser; vorzugsweise in flachen Tümpeln
Form	LV übergreift RV
Skulptur und Ornamentierung	glatt oder mit feinen Grübchen
Innenlamelle	breit, mit schmaler Randzone
Porenkanäle	randständige Porenkanäle, kurz, gerade und einfach.
Muskelabdrücke	siehe Abb. 73
Schloß	adont

Abgebildete Art	*Cypris pubera* O. F. Müller 1776
Alter	rezent
Fundort	Berlin-Wannsee

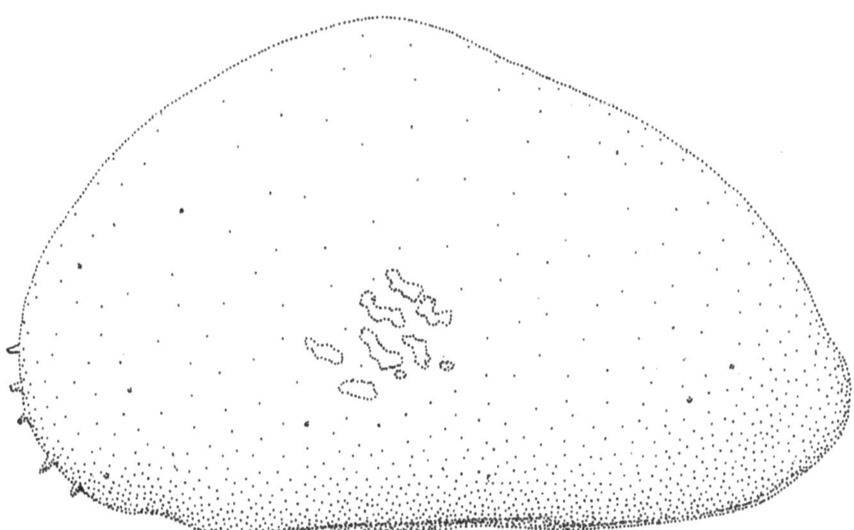

Abb. 73 LV von außen, mit zentralem Muskelfeld

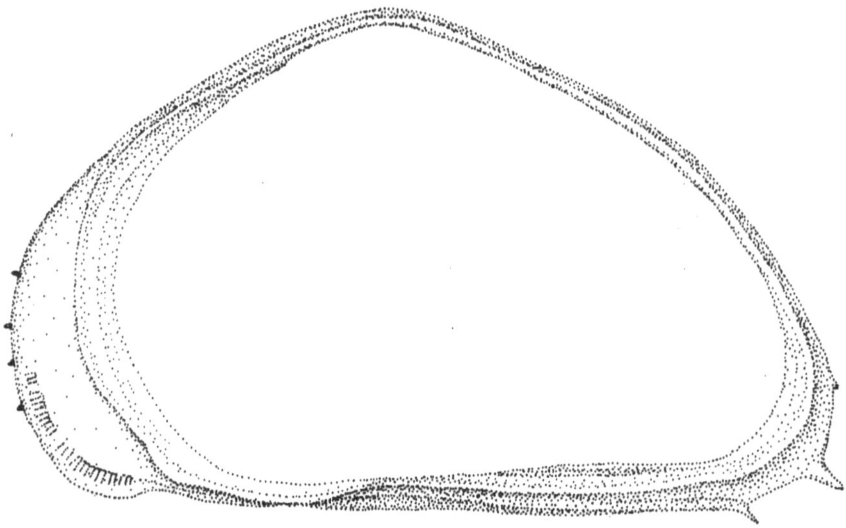

Abb. 74 *Cypris pubera*
RV von innen; Länge: 2,45 mm

Gattung	*Cypridopsis* BRADY 1868
Unterfamilie	Cypridinae
Typus-Art	*Cypris vidua* (O. F. MÜLLER 1776)
Stratigraphische Reichweite	Oligozän – rezent
Geographische Verbreitung	weltweit
Ökologie	Süßwasser; lebt aber auch im oligohalinen bis mesohalinen Wasser Wassertiefe: bis zu 70 m
Form	nierenförmig bis oval-dreieckig, mittelgroß 0,6–0,8 mm lang LV größer als RV
Skulptur und Ornamentierung	glatt bis geringfügig mit Grübchen versehen; teilweise striae

Innenlamelle	breit; Vestibula vorn und hinten
Porenkanäle	zahlreiche gerade und einfache randständige Porenkanäle.
Muskelabdrücke	Muskelfeld siehe Abb. 75
Schloß	adont
Abgebildete Art	*Cypridopsis vidua* (O. F. MÜLLER 1776)
Alter	rezent
Fundort	Berlin-Tegel
Bemerkungen	Färbung gelblich mit dunkler Bänderung; sehr eurytherm, bevorzugt Gewässer mit reichem Pflanzenwuchs

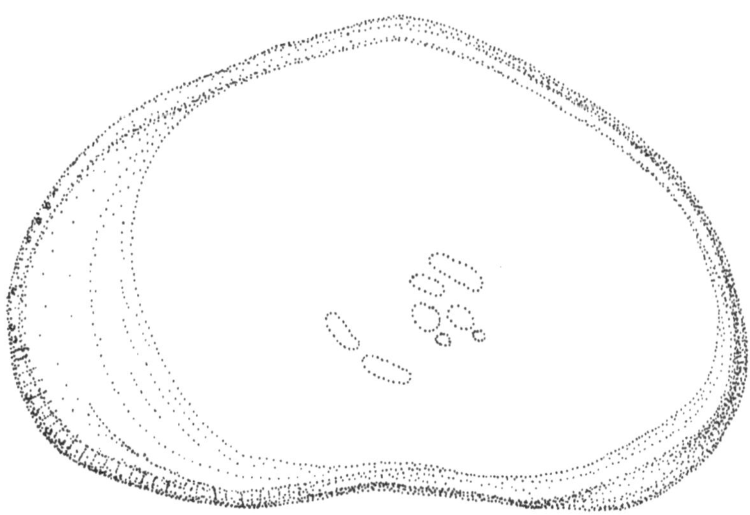

Abb. 75 RV von innen; Länge: 0,73 mm

Gattung	*Herpetocypris* BRADY & NORMAN 1889
Unterfamilie	Cypridinae
Typus-Art	*Cypris reptans* BAIRD 1835
Stratigraphische Reichweite	Pleistozän – rezent
Geographische Verbreitung	weltweit
Ökologie	Süßwasser bis oligohalin
Form	länglich-oval
Skulptur und Ornamentierung	glatt oder schwache Grübchen
Innenlamelle	sehr breit, vorn und hinten Vestibula. LV mit gut entwickelter Innenleiste.
Porenkanäle	randständige Porenkanäle sind kurz und zahlreich
Muskelabdrücke	siehe Abb. 76
Schloß	adont

Abgebildete Art	*Herpetocypris reptans* BAIRD 1835
Alter	rezent
Fundort	Berlin-Dahlem

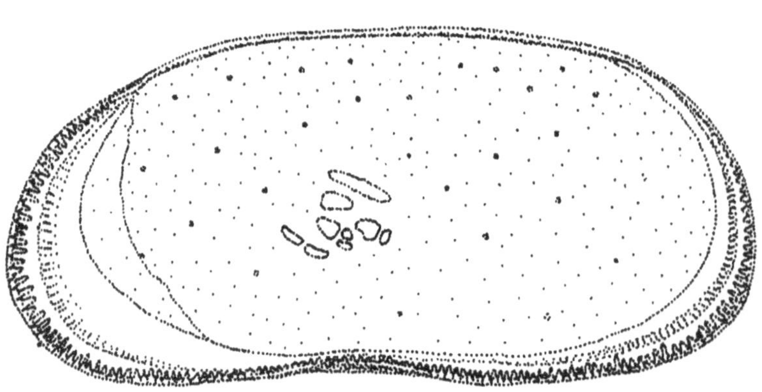

Abb. 76 RV von innen; Länge: 2,2 mm

Gattung	*Notodromas* Lilljeborg 1853
Unterfamilie	Cypridinae
Typus-Art	*Cypris monacha* O. F. MÜLLER 1776
Stratigraphische Reichweite	Pleistozän – rezent
Geographische Verbreitung	weltweit
Ökologie	Süßwasser
Form	kurz-oval
Skulptur und Ornamentierung	glatte Oberflächen
Innenlamelle	vorn breit mit einem großen Vestibulum
Porenkanäle	randständige Porenkanäle sind kurz.
Muskelabdrücke	siehe Abb. 77
Schloß	adont
Sexualdimorphismus	♂♂ etwas kleiner als ♀♀
Abgebildete Art	*Notodromas monachus* (O. F. MÜLLER 1776)
Alter	rezent
Fundort	Berlin-Dahlem

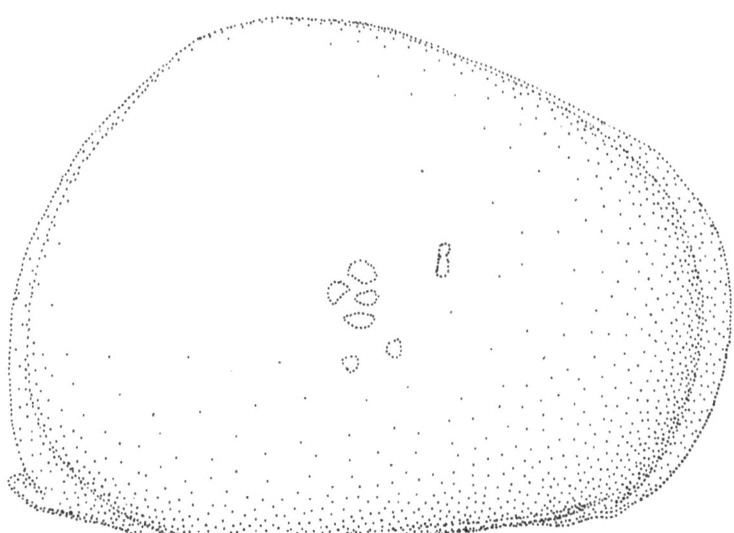

Abb. 77 Gehäuse eines Weibchens von rechts; Länge: 1,05 mm

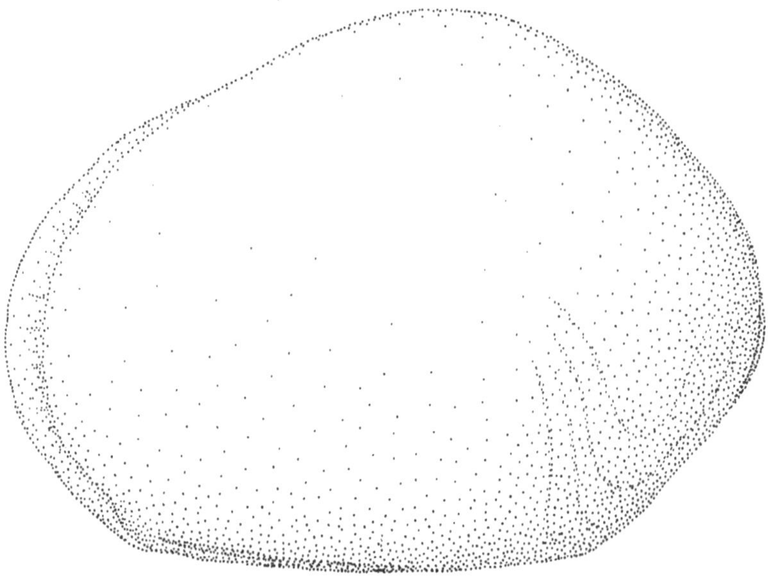

Abb. 78 *Notodromas monachus*
Gehäuse eines Männchens von links; Länge: 1,13 mm

Gattung	*Candona* BAIRD 1845
Unterfamilie	Candoninae
Typus-Art	*Cypris candida* MÜLLER 1776
Stratigraphische Reichweite	Oligozän – rezent
Geographische Verbreitung	weltweit; meist in kühleren Gewässern
Ökologie	Süßwasser bis brackisch; hauptsächlich als Schlammwühler in Süßwasserseen
Form	variabel: meist länglich bohnenförmig
Skulptur und Ornamentierung	glatt oder schwach retikuliert
Innenlamelle	schmale verschmolzene Zone, Vestibula vorn und hinten
Porenkanäle	randständige Porenkanäle sind zahlreich und kurz.
Muskelabdrücke	siehe Abb. 79
Schloß	adont
Sexualdimorphismus	stark ausgeprägt

Abgebildete Art	*Candona angulata* MÜLLER 1900
Alter	subrezent
Fundort	Insel Kos, Griechenland

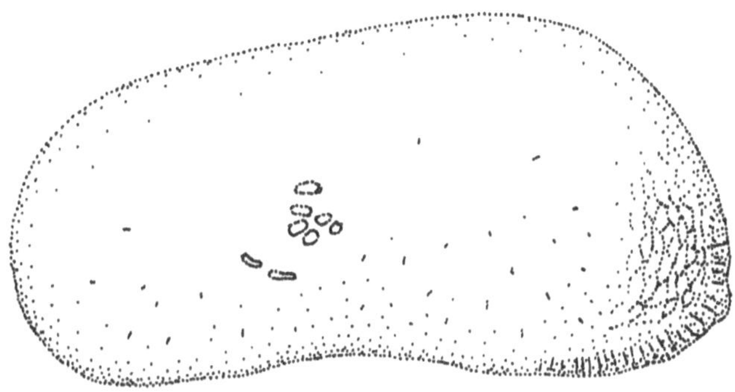

Abb. 79 LV eines ♂ von außen; Länge: 1,67 mm

Gattung	*Cyclocypris* BRADY & NORMAN 1889
Unterfamilie	Cyclocypridinae
Typus-Art	*Cypris cinerea* BRADY 1868
Stratigraphische Reichweite	Miozän rezent
Geographische Verbreitung	weltweit
Ökologie	Süßwasser bis oligohalin. Aktive Schwimmer, vorwiegend in pflanzenreichen Gewässern.
Form	dreieckig-oval
Skulptur und Ornamentierung	dünnschalig-glatt
Innenlamelle	vorn breit mit einem großen Vestibulum. Konzentrisch verlaufende striae. Zwei Kontaktknoten.
Porenkanäle	randständige Porenkanäle: kurz, einfach und gerade; mäßig zahlreich.
Muskelabdrücke	siehe Abb. 80

Schloß	adont
Beziehungen	von *Cypridopsis* durch Bau der Innenlamelle im ventralen Bereich und Bau sowie Anzahl der normalen Poren unterscheidbar.
Abgebildete Art	*Cyclocypris ovum* JURINE 1820
Alter	rezent
Fundort	Berlin-Wannsee

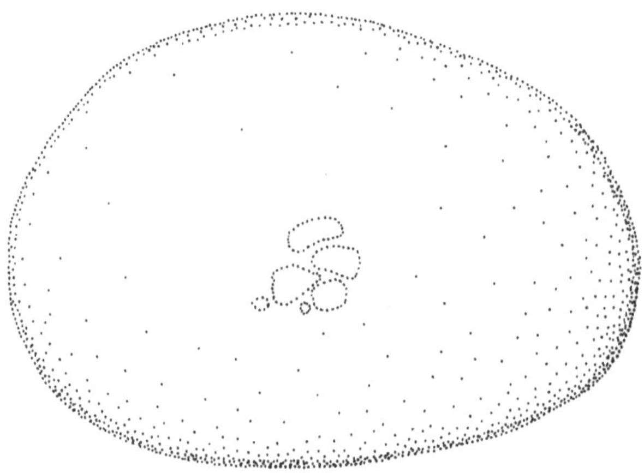

Abb. 80 Gehäuse eines ?Weibchens von rechts; Länge: 0,56 mm

Gattung	*Propontocypris* SYLVESTER-BRADLEY 1947
Unterfamilie	Pontocypridinae
Typus-Art	*Pontocypris trigonella* SARS 1866
Stratigraphische Reichweite	Miozän – rezent
Geographische Verbreitung	weltweit
Ökologie	marin, neritisch
Form	abgerundet dreieckig

Skulptur und Ornamentierung	dünnschalig, glatt
Innenlamelle	breit, vorn ein großes Vestibulum, Randzone schmal.
Muskelabdrücke	vermutlich 5 und mehr Narben
Schloß	adont
Beziehungen	von *Pontocypris* SARS 1866 (ohne Abb.) durch die höhere LV und das Muskelfeld, das bei *Pontocypris* vermutlich nur aus 3 Narben besteht, abtrennbar.
Abgebildete Art	*Propontocypris mediterranea* (MÜLLER 1894)
Alter	rezent
Fundort	Golf von Neapel

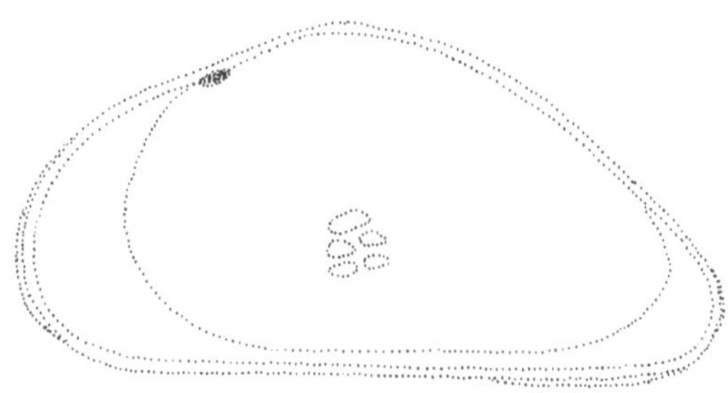

Abb. 81 LV eines Männchens von außen; Länge: 0,67 mm (umgezeichnet und verändert nach MÜLLER 1894)

Gattung	*Argilloecia* SARS 1866
Unterfamilie	Pontocypridinae
Typus-Art	*Argilloecia cylindrica* SARS 1866
Stratigraphische Reichweite	Cenoman – rezent
Geographische Verbreitung	weltweit
Ökologie	marin; im tieferen Wasser; infraneritisch bis bathyal; häufig zusammen mit pelagischen Foraminiferenfaunen.
Form	länglich, ähnlich einem Flügelquerschnitt. 0,4–0,6 mm Länge; RV größer als LV.

Skulptur und Ornamentierung	glatt
Innenlamelle	breit; Verwachsungslinie unregelmäßig
Randständige Porenkanäle	vorn zahlreich und einfach. Ventral und am Hinterrand selten.
Muskelabdrücke	siehe Abb. Der hintere, obere Abdruck kann geteilt sein.
Schloß	Adont, RV mit Furche.
Sexualdimorphismus	♂♂ kleiner, schmaler und niedriger als ♀♀
Beziehungen	Von *Macrocypris* durch das Schloß und von *Paracypris* durch randständige Porenkanäle unterschieden.

Abgebildete Art	*Argilloecia acuminata* MÜLLER 1894
Alter	rezent
Fundort	Golf von Neapel

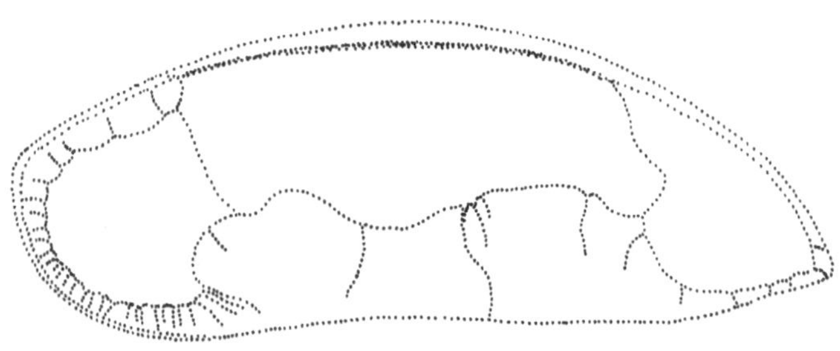

Abb. 82 RV eines Weibchens von innen; Länge 0,54 mm (umgezeichnet und verändert nach MÜLLER 1894)

Abb. 82a *Argilloecia* sp. rezent, Nordatlantik
Muskelfeld
(umgezeichnet nach VAN MORKHOVEN 1963)

Gattung	*Paracypris* SARS 1866
Unterfamilie	Paracypridinae
Typus-Art	*Paracypris polita* SARS 1866
Stratigraphische Reichweite	Paläozoikum – rezent
Geographische Verbreitung	weltweit
Ökologie	marin
Form	länglich, dreieckig; vorn breit, hinten spitz gerundet. LV größer als RV.
Skulptur und Ornamentierung	glatt
Innenlamelle	vorn und hinten breit mit großen Vestibula.
Porenkanäle	Mäßig viele Porenkanäle, die sich besonders vorn stark gabeln. Die zentrale Grube besteht aus meist 6 größeren Narben, die dicht beieinanderliegen.
Muskelabdrücke	Vgl. Abb. 84
Schloß	adont
Sexualdimorphismus	unbekannt
Abgebildete Art	*Paracypris* sp.
Alter	Lutet IV
Fundort	Grignon, Pariser Becken

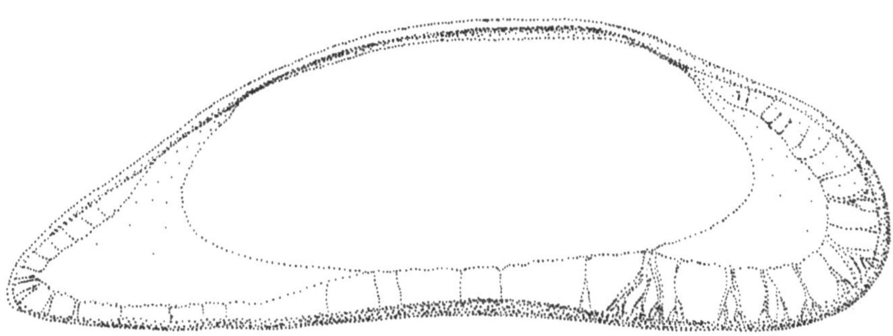

Abb. 83 LV von innen; Länge 1,1 mm

Abb. 84 *Paracypris contracta* (JONES 1857)
Zentrales Muskelfeld einer RV
(umgezeichnet nach KEIJ 1957)

Gattung	*Ilyocypris* BRADY & NORMAN 1889
Unterfamilie	Ilyocypridinae
Typus-Art	*Ilyocypris gibba* RAMDOHR 1808
Stratigraphische Reichweite	Jura – rezent
Geographische Verbreitung	weltweit
Ökologie	Süßwasser – oligohalin. Einige Arten können schwimmen, die meisten leben auf schlammigem Substrat.
Form	Vorder- und Hinterende weit gerundet. Dorsalrand gerade. Ventralrand konkav. Zwei Sulci vor der Mitte in der oberen Schalenhälfte. Einige hohle Höcker können vorhanden sein.
Innenlamelle	mäßig breit; randständige Porenkanäle zahlreich, gerade und einfach gebaut.
Schloß	Dorsalrand der kleineren RV greift in eine Rinne der LV.
Sexualdimorphismus	♂♂ größer als ♀♀
Abgebildete Art	*Ilyocypris gibba* RAMDOHR 1808
Alter	rezent
Fundort	Berlin-Tegel

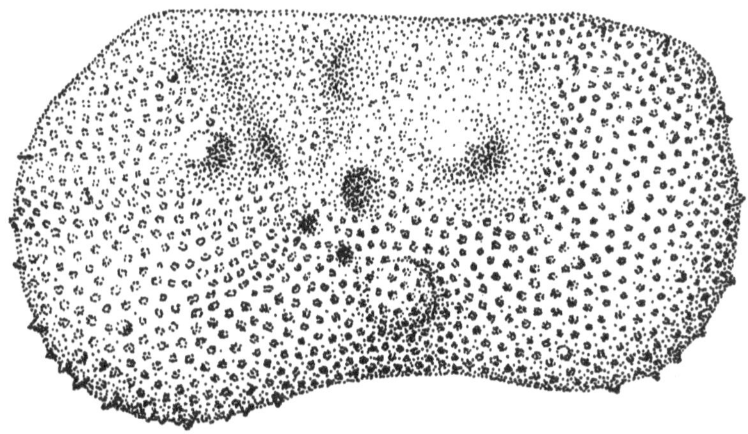

Abb. 85 *Ilyocypris gibba*
LV eines Weibchens von außen; Länge: 0,98 mm

Gattung	*Cypridea* BOSQUET 1852
Unterfamilie	Cyprideinae
Typus-Art	*Cypris granulosa* SOWERBY 1836
Stratigraphische Reichweite	Bajocien – Alb
Geographische Verbreitung	weltweit
Ökologie	überwiegend in brackischen Gewässern
Form	trapezoid bis oval. Vorn mit „Schnabel".
Skulptur und Ornamentierung	glatt, retikuliert oder mit kleinen Stacheln besetzt. Auch mit kräftigen Knoten.
Innenlamelle	mäßig breit, vorn und hinten sind Vestibula vorhanden.
Porenkanäle	randständige Porenkanäle sind häufig, relativ kurz, und ein Teil von ihnen verzweigt sich.
Muskelabdrücke	siehe Abb. 88
Schloß	merodont – lophodont
Beziehungen	Der „Schnabel" unterscheidet *Cypridea* von anderen Gattungen.

Abgebildete Art	*Cypridea rectidorsata* SYLVESTER-BRADLEY 1949
Alter	oberer Purbeck
Fundort	Swanage, England

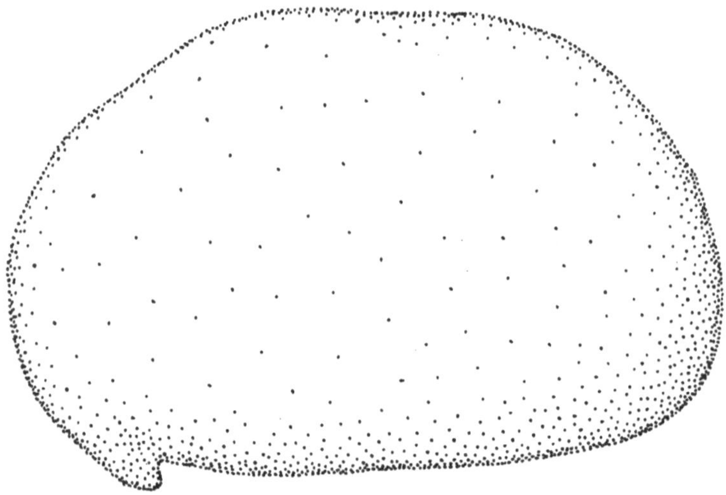

Abb. 86 LV von außen; Länge: 1,04 mm

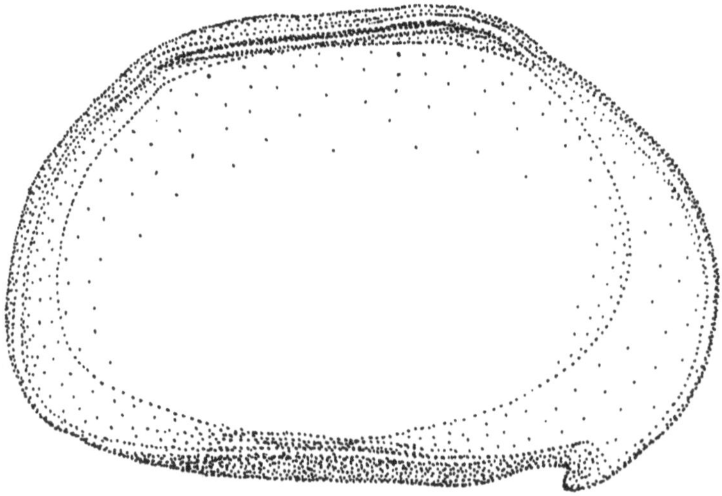

Abb. 87 LV von innen; Länge: 1,04 mm

Abb. 88 *Cypridea propunctata* SYLVESTER-BRADLEY 1949
Muskelfeld einer LV von innen

Familie **Cytheridae** BAIRD 1850

Diagnose

Sehr variable Gehäuseform und Skulptur. Eine gut ausgebildete Innenlamelle und randständige Porenkanäle sind vorhanden.
Schloß meist mit kräftigen Zähnen. Charakteristisches zentrales Muskelfeld.

Bemerkungen

Die Unterfamilien der *Cytheridae* unterscheiden sich hauptsächlich in folgenden Schalenmerkmalen: Bau des zentralen Muskelfeldes, der Randzone und der Porenkanäle. Die Gattungen der *Cytheridae* können danach zugeordnet werden.

Unterfamilie *Cytherinae* BAIRD 1850

(Die unten beschriebenen Gattungen Schizocythere und Loculicytheretta werden mit ? zu den Cytherinae gestellt)

Gattung	*Leptocythere* SARS 1825
Typus-Art	*Cythere pellucida* BAIRD 1850
Stratigraphische Reichweite	Oligozän – rezent
Geographische Verbreitung	weltweit
Ökologie	brackisch bis marin (im litoralen Bereich)
Form	schief trapezoid, länglich
Skulptur und Ornamentierung	unterschiedlich stark entwickelte Rippe im hinteren latero-ventralen Bereich. Oberflächen mit Gruben besetzt oder glatt. Dünnschalig.
Innenlamelle	vorn und hinten breit mit Vestibula
Porenkanäle	mäßig zahlreiche randständige Porenkanäle, die proximal breit sind und sich distal büschelartig verzweigen.
Muskelabdrücke	siehe Abb. 90
Schloß	amphidont – archidont
Sexualdimorphismus	♂♂ sind länglicher und schlanker als ♀♀
Beziehungen	s. *Callistocythere*.
Abgebildete Art	*Leptocythere pellucida* (BAIRD 1850)
Alter	rezent
Fundort	List (Sylt)

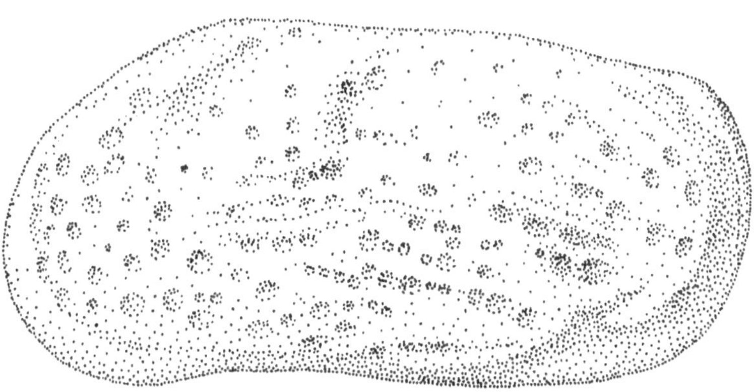

Abb. 89 LV eines Weibchens von außen; Länge: 0,68 mm

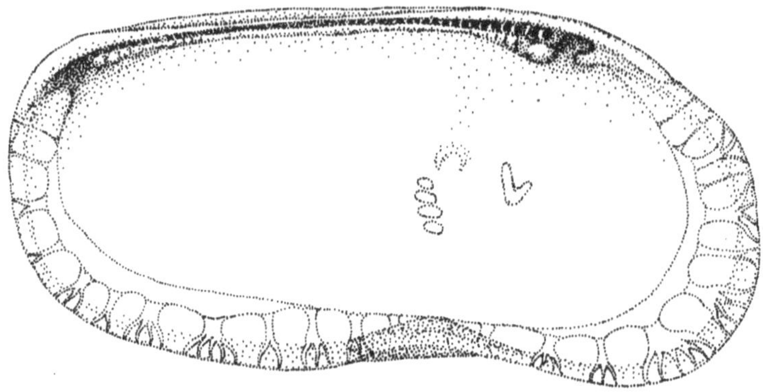

Abb. 90 *Leptocythere pellucida*
LV eines Weibchens von innen; Länge: 0,68 mm

Gattung	*Callistocythere* RUGGIERI 1953
Typus-Art	*Cythere littoralis* MÜLLER 1894
Stratigraphische Reichweite	Eozän – rezent
Geographische Verbreitung	weltweit
Ökologie	marin, vorwiegend in flachen (litoral bis epineritisch) warmen Gewässern.
Form	in Seitenansicht länglich-rechteckig. Seitlich etwas zusammengedrückt. Stark verkalkt.
Skulptur und Ornamentierung	vorn und hinten Randrippen. Sonst mit grober bis feiner Retikulierung.
Innenlamelle	vorn breit, selten mit einem Vestibulum.
Porenkanäle	randständige Porenkanäle nicht häufig, proximal sehr breit, sich distal stark verzweigend.
Muskelabdrücke	siehe Abb. 92
Schloß	amphidont – archidont
Sexualdimorphismus	♀♀ sind hinten breiter und sehen in Seitenansicht quadratischer aus als die ♂♂
Beziehungen	*Leptocythere* ist länglicher und stärker skulpturiert.

Abgebildete Art	*Callistocythere* aff. *subjaponica* HANAI 1957
Alter	Pleistozän
Fundort	Insel Kos, Griechenland

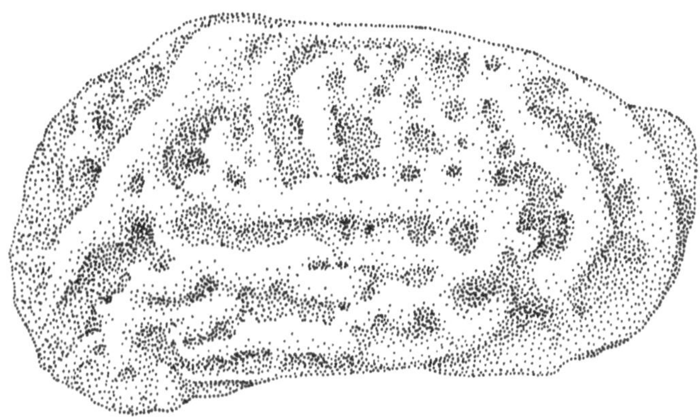

Abb. 91 LV eines Männchens von außen; Länge: 0,62 mm

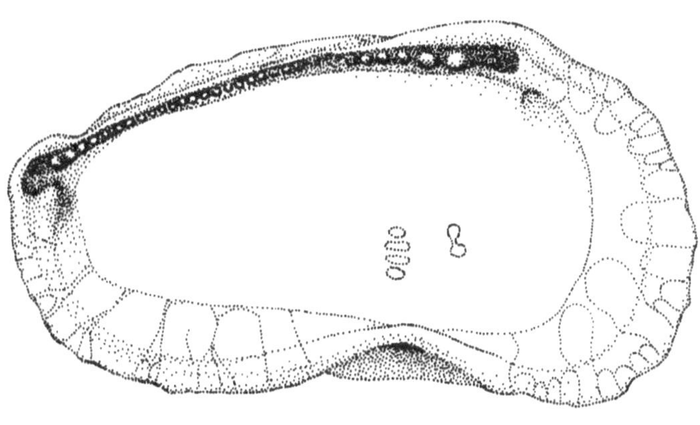

Abb. 92 LV eines Männchens von innen; Länge 0,62 mm

Gattung	*Schizocythere* TRIEBEL 1950
Typus-Art	*Schizocythere hollandica* TRIEBEL 1950
Stratigraphische Reichweite	? Maastricht – Miozän
Geographische Verbreitung	Europa – N-Afrika
Ökologie	marin
Form	subquadratisch mit kleinem Kaudalfortsatz Maße: 0,4–0,6 mm Klappen fast gleichgroß
Skulptur und Ornamentierung	Längsrippen, häufig retikuliert.
Innenlamelle	mäßig breit. Innenrand und Verwachsungslinie fallen zusammen. Außenleiste und Saum vorhanden.
Porenkanäle	Vorn 5–6 einfache, gerade randständige Porenkanäle
Muskelabdrücke	nicht vollständig bekannt. Meist sind 4 Adduktorennarben zu erkennen
Schloß	amphidont – schizodont
Sexualdimorphismus	♀♀ etwas höher als ♂♂
Abgebildete Art	*Schizocythere tesselata* (BOSQUET 1852)
Alter	Lutet IV
Fundort	Grignon, Pariser Becken, Frankreich·

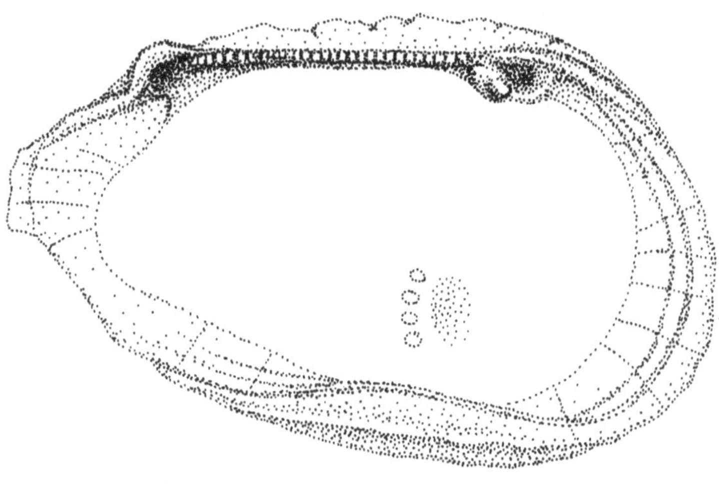

Abb. 93 LV von innen; Länge: 0,66 mm

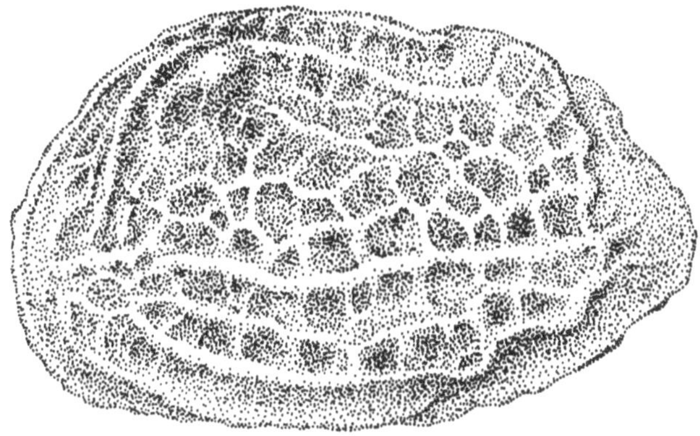

Abb. 94 *Schizocythere tesselata*
Gehäuse von links; Länge: 0,68 mm

Gattung	*Loculicytheretta* RUGGIERI 1954
Typus-Art	*Cythere pavonica* BRADY 1866
Stratigraphische Reichweite	Pliozän – rezent
Geographische Verbreitung	Mittelmeer und benachbarter Atlantik
Ökologie	marin, epineritischer Bereich
Form	im Umriß parallelogramm-ähnlich
Skulptur und Ornamentierung	zwischen deutlichen Längsrippen liegen Gruben in Reihen angeordnet. Siehe Geschlechtsdimorphismus
Innenlamelle	mäßig breit, Innenrand und Verwachsungslinie zusammenfallend.
Porenkanäle	vorn 14–16, einfach gebaute und leicht gebogene randständige Porenkanäle.
Muskelabdrücke	4 Narben untereinander, vor den beiden mittleren Narben ein V-förmiger Frontalabdruck.
Schloß	amphidont – heterodont
Sexualdimorphismus	♀♀ sind hinten dick verkalkt und weisen darin 3–6 runde Löcher (loculi) auf, die keine Verbindung zum Schaleninneren haben.
Beziehungen	von *Cytheretta* durch den Bau des Schlosses und der Innenlamelle unterscheidbar.

Abgebildete Art	*Loculicytheretta pavonica* BRADY 1866
Alter	rezent
Fundort	Tyrrhenis bei Punta Ala, Italien

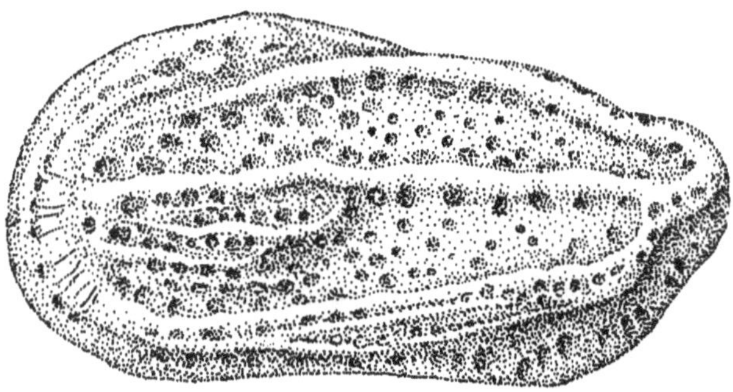

Abb. 95 LV eines Männchens von außen; Länge: 0,67 mm

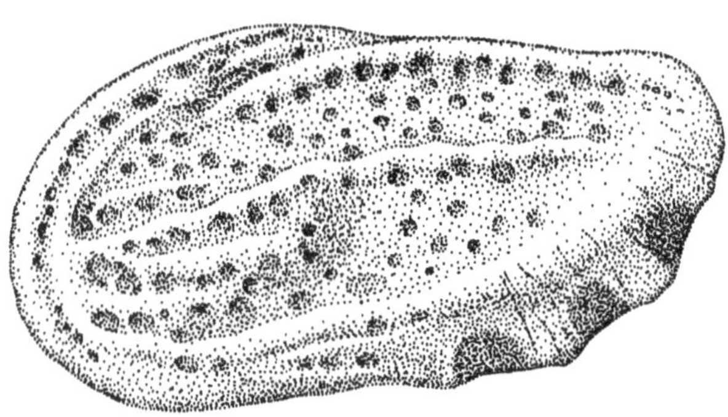

Abb. 96 LV eines Weibchens von außen; Länge: 0,68 mm

Unterfamilie	**Hemicytherinae** PURI 1953
Gattung	*Hemicythere* SARS 1925
Typus-Art	*Cythereis villosa* SARS 1866
Stratigraphische Reichweite	Pliozän – rezent
Geographische Verbreitung	Europa – Nordamerika
Ökologie	kommt im epi-neritischen Bereich vor. Die Gattung ist eurytherm und euryhalin.
Form	Umriß grob nierenförmig. LV größer als RV. Länge: 0,7–0,8 mm.
Skulptur und Ornamentierung	grob retikuliert. Ventrolateral eine schwache Rippe.
Innenlamelle	mäßig breit. Ein kleines Vestibulum ist parallel zum freien Rand vorhanden. Ein Saum – parallel zum Außenrand – ist deutlich ausgebildet.
Porenkanäle	Randständige Porenkanäle sind zahlreich (vorn ± 50), einfach gebaut, sich selten verzweigend. Flächenständige Poren vom siebförmigen Typ sind klein und nicht sehr zahlreich.
Muskelabdrücke	zentrales Muskelfeld siehe Abb. 98
Schloß	amphidont – heterodont
Beziehungen	Von *Mutilus* durch Schloßbau unterscheidbar. *Heterocythereis* hat ein anderes Muskelfeld.
Sexualdimorphismus	♀♀ deutlich höher als ♂♂. ♂♂ sehen leicht rechteckig aus.
Abgebildete Art	*Hemicythere villosa* (SARS 1866)
Alter	rezent
Fundort	Schottische Ostküste (Brora)

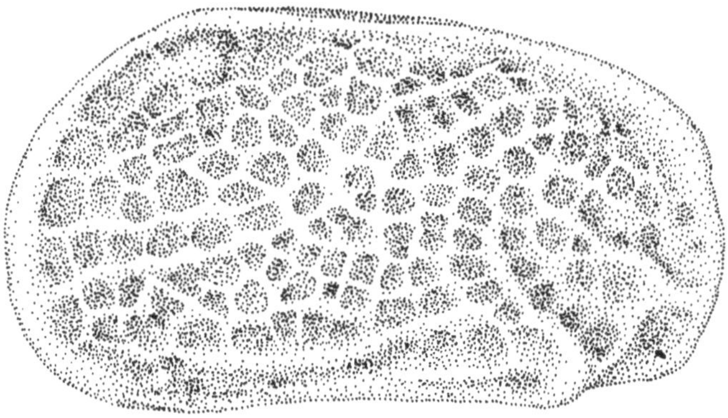

Abb. 97 *Hemicythere villosa*
LV eines noch nicht adulten ♂ von außen; Länge 0,75 mm

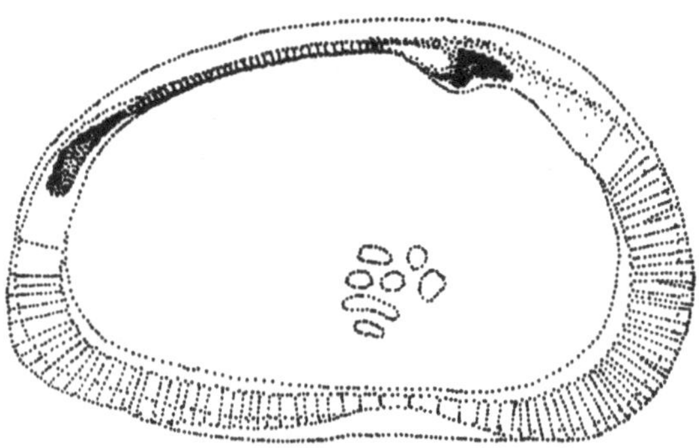

Abb. 98 LV eines ♀ von innen; Länge: 0,63 mm
(verändert nach einer schematischen Zeichnung von WAGNER 1957)

Gattung	*Aurila* POKORNY 1955
Typus-Art	*Cythere convexa* BAIRD 1850
Stratigraphische Reichweite	Oligozän – rezent
Geographische Verbreitung	weltweit
Ökologie	marin, im epineritischen Bereich. Die Gattung ist eurythermal.

Form	dreieckig-oval, mit unterschiedlich ausgebildetem Kaudalfortsatz
Skulptur und Ornamentierung	Oberflächen mit Grübchen unterschiedlicher Größe oder retikuliert. Stark verkalkt. Randzähne sind häufig. Schwacher Augenknoten.
Innenlamelle	breit; nur vorn ist ein schmales Vestibulum zu erkennen.
Porenkanäle	randständige Porenkanäle sind sehr zahlreich (bis zu 80 vorn), gerade und fast immer unverzweigt.
Muskelabdrücke	4 Narben untereinander, von denen die obere der mittleren beiden Narben geteilt ist. Davor liegen 3 Frontalabdrücke.
Schloß	amphidont – heterodont
Sexualdimorphismus	♀♀ etwas höher und breiter als ♂♂
Beziehungen	Kann von *Mutilus* durch die schwache Ornamentierung unterschieden werden.
Bemerkungen	Typisch ist ein opaker Fleck auf den Schalen, der in seinem Umriß nahezu artkonstant sein kann.
Abgebildete Art	*Aurila convexa* (BAIRD 1850)
Alter	rezent
Fundort	São Martinho do Porto, Portugal

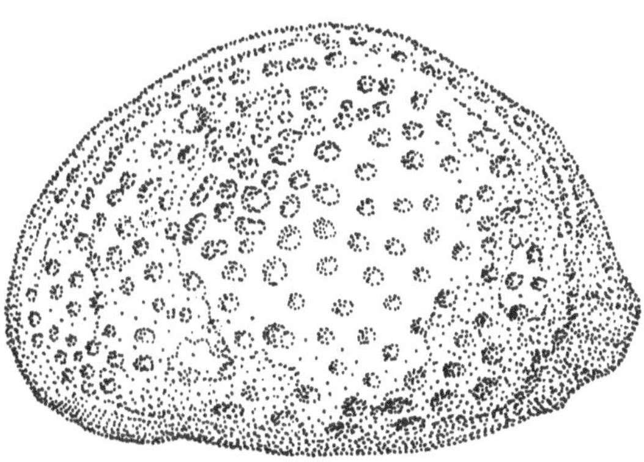

Abb. 99 LV von außen; Länge: 0,72 mm

Gattung	*Mutilus* NEVIANI 1928
Typus-Art	*Cythereis laticancellata* NEVIANI 1928
Stratigraphische Reichweite	Miozän – rezent
Geographische Verbreitung	weltweit
Ökologie	marin, im epineritischen Bereich
Form	rechteckig-oval, mit einem kurzen Kaudalfortsatz
Skulptur und Ornamentierung	grob retikuliert durch kräftige Längs- und Querrippen
Innenlamelle	mäßig breit; Innenrand und Verwachsungslinie zusammenfallend.
Porenkanäle	randständige Porenkanäle sind zahlreich, einfach und gerade gebaut. Flächenständige Porenkanäle mäßig zahlreich, Sieb-Typ.
Muskelabdrücke	siehe Abb. 100
Schloß	amphidont – heterodont
Sexualdimorphismus	♂♂ etwas höher als ♀♀
Beziehungen	siehe *Aurila*
Abgebildete Art	*Mutilus dohrni* ULICZNY 1969
Alter	Pliozän
Fundort	Insel Kos, Griechenland

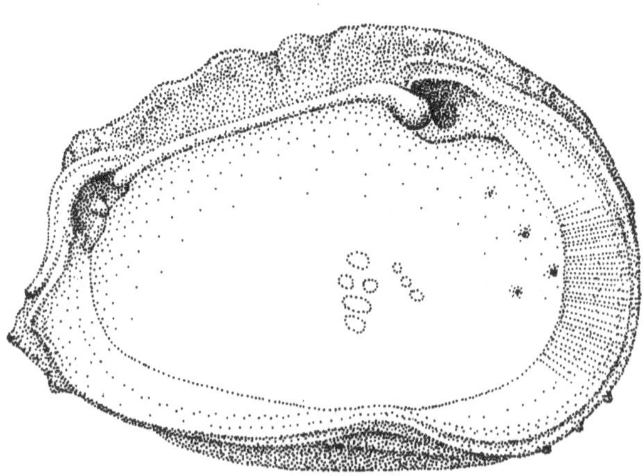

Abb. 100 LV eines Weibchens von innen; Länge: 0,86 mm

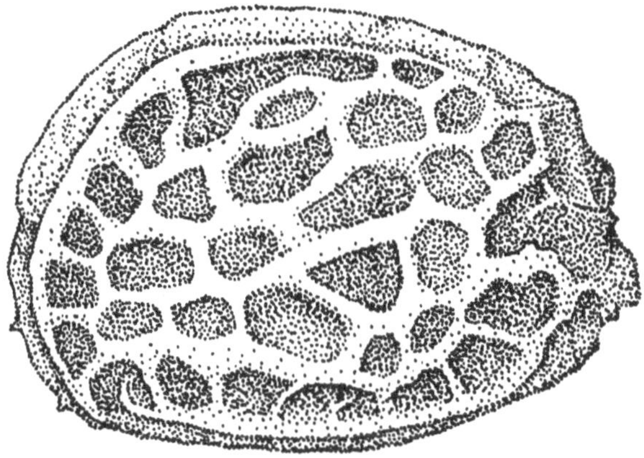

Abb. 101 *Mutilus dohrni*
LV eines Weibchens von außen; Länge: 0,83 mm

Gattung	*Pachycaudites* ULICZNY 1969
Typus-Art	*Cypridina ungeri* REUSS 1849
Stratigraphische Reichweite	Miozän – Pleistozän
Geographische Verbreitung	Europa
Ökologie	marin, epineritisch
Form	grob dreieckig-oval; dich verkalkt; mit schwachem Kaudalfortsatz, einem Zentralhöcker und Augenknoten.
Skulptur und Ornamentierung	kräftiges Rippenmuster, teilweise aus ± parallel zum Umriß verlaufenden Rippen. Dazwischen glatt bis schwach retikuliert.
Innenlamelle	breit; Innenrand und Verwachsungslinie fallen zusammen.
Porenkanäle	vorn 70–80 einfach, gerade und unverzweigt.
Schloß	amphidont – heterodont
Sexualdimorphismus	♂♂ sind länglicher als ♀♀
Beziehungen	Durch die dicken Schalen und die breite Innenlamelle von ähnlich aussehenden Gattungen unterscheidbar.

Abgebildete Art	*Pachycaudites h-scripta* (CAPEDER 1900)
Alter	Pliozän
Fundort	Insel Kos, Griechenland

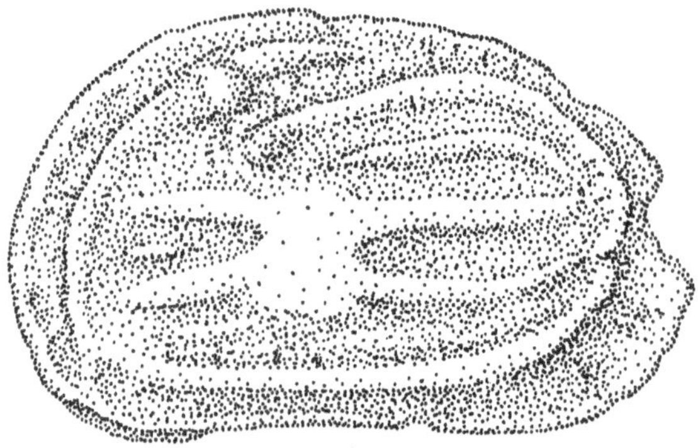

Abb. 102 LV eines Weibchens von außen; Länge: 0,80 mm

Gattung	*Quadracythere* HORNIBROOK 1952
Typus-Art	*Cythere truncula* BRADY 1898
Stratigraphische Reichweite	Paleozän – rezent
Geographische Verbreitung	weltweit
Ökologie	epineritisch
Form	quadratisch-oval, dickschalig
Skulptur und Ornamentierung	Längsrippen (Kiele) im dorsalen und ventralen Lateralbereich. Grob retikuliert; Randzähne sind häufig.
Innenlamelle	mäßig breit; Innenrand und Verwachsungslinie fallen zusammen; ausgeprägter Saum.
Porenkanäle	Vorn ungefähr 30 randständige Porenkanäle. Flächenständige Poren: klein, zahlreich, siebförmig.
Muskelabdrücke	siehe Abb. 105

Schloß	amphidont – heterodont
Sexualdimorphismus	♂♂ länger als ♀♀
Beziehungen	Von Mutilus durch den nur schwach gekerbten hinteren Zahn der RV unterschieden. Ansonsten erlaubt der Frontalabdruck des zentralen Muskelfeldes eine klare Abtrennung von anderen Gattungen.
Abgebildete Art	*Quadracythere vermiculata* BOSQUET 1852
Alter	Lutet
Fundort	Grignon, Frankreich

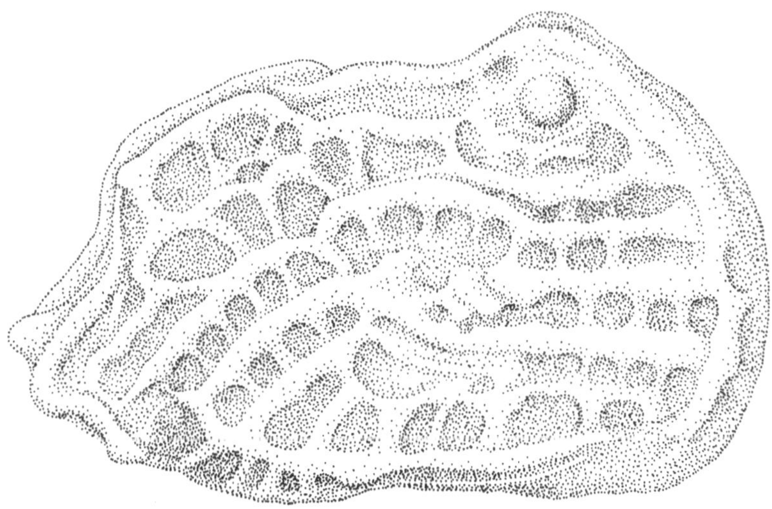

Abb. 103 RV eines ♀ von außen; Länge: 0,75 mm

Abb. 105

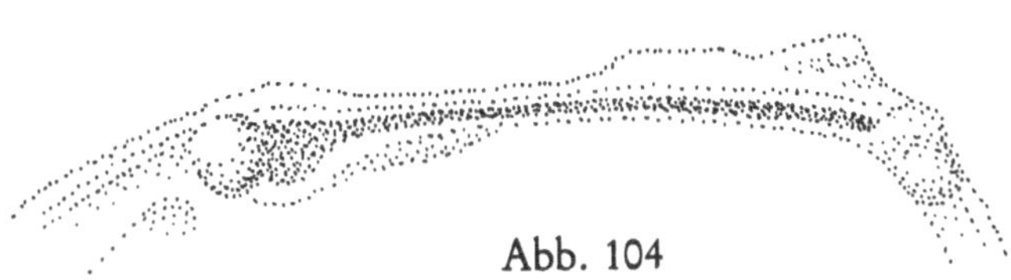

Abb. 104

Abb. 104 Schloß der RV eines ♂; Schloßlänge: 0,39 mm (umgezeichnet nach KEIJ 1957)

Abb. 105 Muskelfeld der RV eines ♂ von innen (umgezeichnet nach KEIJ 1957)

Gattung	*Pokornyella* OERTLI 1956
Typus-Art	*Cythere limbata* BOSQUET 1852
Stratigraphische Reichweite	Eozän – Oligozän
Geographische Verbreitung	Europa, N- u. S-Amerika
Ökologie	marin, epineritisch
Form	Ähnlich *Aurila* in Seitenansicht; LV größer als RV, Länge: 0,7–0,9 mm
Skulptur und Ornamentierung	Grubenmuster oder Retikulierung; Randliche Zähne können auftreten.
Innenlamelle	mäßig breit; Verschmelzungslinie und Innenrand sind nur geringfügig getrennt und verlaufen ± parallel zum Außenrand.
Porenkanäle	randständige Porenkanäle vorn 20–30 gerade, einfach, selten sich verzweigend.
Muskelabdrücke	in einer Grube angeordnet, siehe Abb.
Schloß	amphidont – heterodont
Sexualdimorphismus	♂♂ länger und niedriger als ♀♀
Beziehungen	Von *Aurila*, dem vermutlichen Vorfahren dieser Gattung durch Porenkanäle, Schloß und Muskelfeld unterscheidbar. Wird auch als Untergattung von *Urocythere* HOWE 1951 angesehen (VAN MORKHOVEN 1963); *Urocythere* ist nicht ornamentiert und hat weniger Porenkanäle.

Abgebildete Art	*Pokornyella* cf. *ventricosa* (BOSQUET 1852)
Alter	Lutet IV
Fundort	Grignon, Frankreich

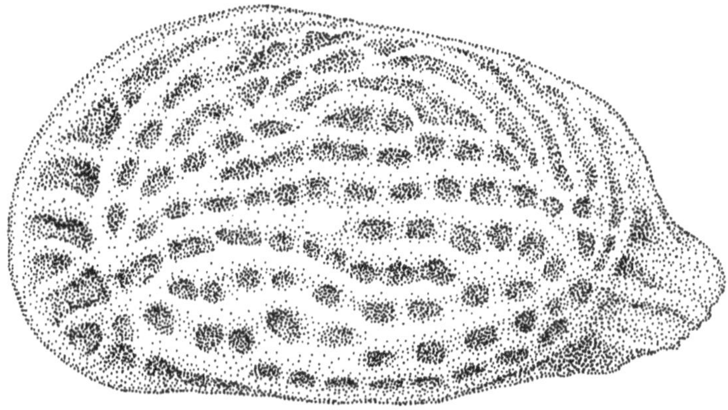

Abb. 106 *Pokornyella* cf. *ventricosa*
LV eines ♂ von außen; Länge: 0,81 mm

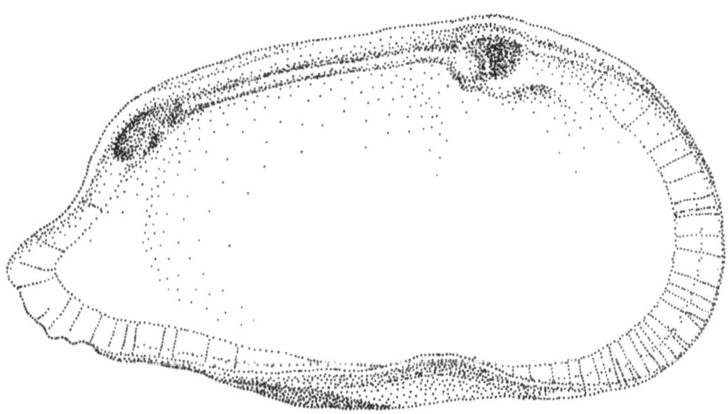

Abb. 107 LV eines ♂ von innen; Länge: 0,81 mm

Abb. 108 Muskelfeldgrube einer LV; Durchmesser 0,085 mm

Gattung	*Urocythereis* RUGGIERI 1950
Stratigraphische Reichweite	Pliozän – rezent
Geographische Verbreitung	Europa, N-Amerika, Neuseeland
Ökologie	marin, epineritisch, bis zu 40 m Wassertiefe.
Form	oval bis abgerundet rechteckig in Seitenansicht. LV größer als RV. Größe: 0,8–1 mm.
Skulptur und Ornamentierung	Oberflächen grob retikuliert; Schalen dick verkalkt, vorn und hinten mit Randzähnen.
Innenlamelle	Mäßig breit. Innenrand und Verwachsungslinie fallen zusammen.
Porenkanäle	Randständige Porenkanäle sind zahlreich, gerade und einfach gebaut. Flächenständige Poren sind siebförmig, groß und nicht sehr zahlreich.
Muskelabdrücke	siehe Abb. 110
Schloß	amphidont – heterodont
Sexualdimorphismus	♂♂ etwas länger als ♀♀
Beziehungen	Von *Elofsonella* POKORNY 1955 durch Ornamentierung unterschieden.
Abgebildete Art	*Urocythereis oblonga* (BRADY 1866)
Alter	rezent
Fundort	Mallorca

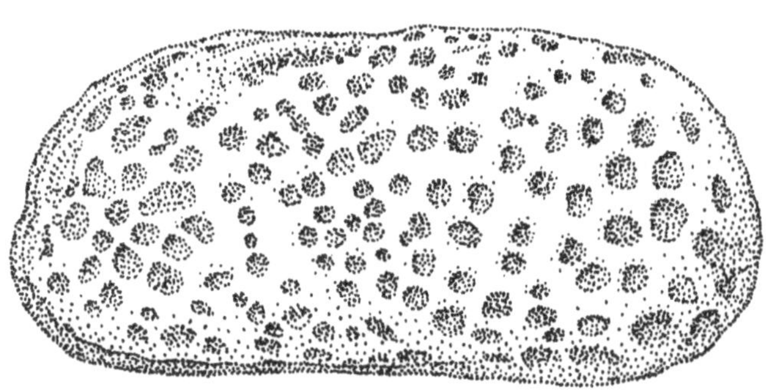

Abb. 109 LV von außen; Länge: 0,93 mm

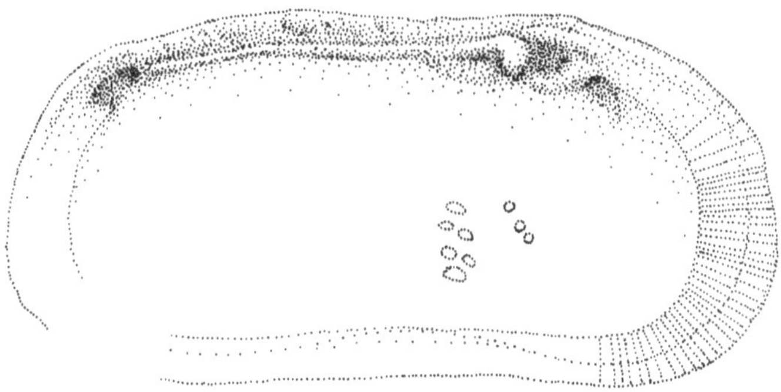

Abb. 110 *Urocythereis oblonga*
LV von innen; Länge: 0,92 mm

Gattung	*Tyrrhenocythere* RUGGIERI 1955
Typus-Art	*Tyrrhenocythere pignattii* RUGGIERI 1955
Stratigraphische Reichweite	Pliozän – rezent
Geographische Verbreitung	Europa
Ökologie	brackisch, in flachem Wasser
Form	ungefähr rechteckig; Augenknoten vorhanden
Skulptur und Ornamentierung	Oberflächen retikuliert
Innenlamelle	mäßig breit. Vestibulum in einzelne Taschen abgeteilt, von denen jeweils eine divergierende Gruppe von fast geraden, randständigen Porenkanälen ausgeht.
Porenkanäle	randständige Porenkanäle sind zahlreich (siehe auch Innenlamelle)
Muskelabdrücke	siehe Abb. 112
Schloß	amphidont – heterodont
Sexualdimorphismus	♂♂ etwas länglicher als ♀♀
Beziehungen	durch den Bau der Innenlamelle von anderen Gattungen abgrenzbar.

Abgebildete Art	*Tyrrhenocythere pignattii* RUGGIERI 1955
Alter	Pleistozän
Fundort	Insel Kos, Griechenland

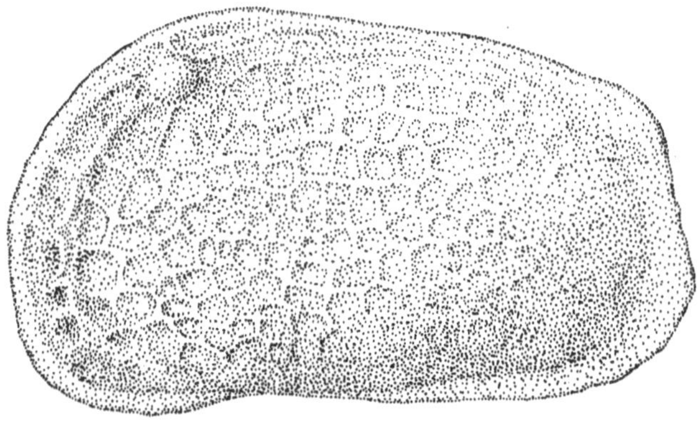

Abb. 111 LV von außen; Länge: 0,92 mm

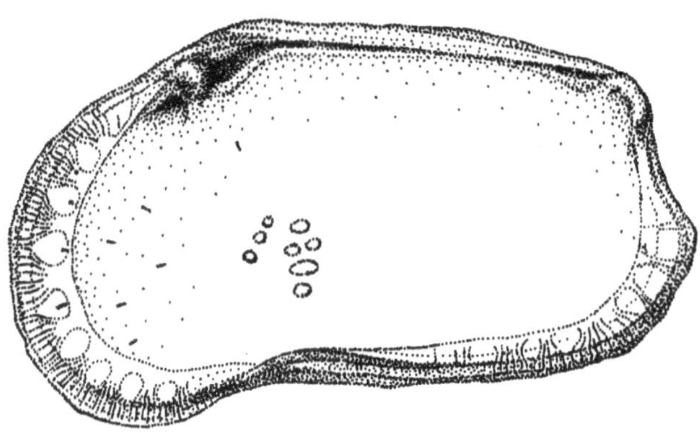

Abb. 112 RV von innen; Länge: 0,90 mm

Gattung	*Caudites* CORYELL & FIELDS 1937
Typus-Art	*Caudites medialis* CORYELL & FIELDS 1937
Stratigraphische Reichweite	Miozän – rezent
Geographische Verbreitung	alle tropischen und subtropischen Meere und wärmeren Lagunen übriger Meere.
Ökologie	marin, warmes Wasser; hauptsächlich im epi-neritischen Bereich
Form	länglich-dreieckig
Skulptur und Ornamentierung	glatt mit Längsrippen, manchmal Höcker oder Querrippen.
Innenlamelle	vorn sehr breit. Typisch sind die mit der Außenlamelle verbundenen Teile des sogen. freien Teils der Innenlamelle. Ein schwacher Saum ± parallel zum Außenrand ist vorhanden.
Porenkanäle	randständige Porenkanäle sind zahlreich, gerade und nur wenige verzweigen sich im vorderen Teil der Randzone.
Muskelabdrücke	siehe Abb. 113
Schloß	amphidont – heterodont
Sexualdimorphismus	♂♂ etwas länglicher als ♀♀
Beziehungen	die charakteristische Innenlamelle erlaubt eine klare Abgrenzung von anderen Gattungen.

Abgebildete Art	*Caudites* sp.
Alter	rezent
Fundort	São Martinho do Porto/Portugal

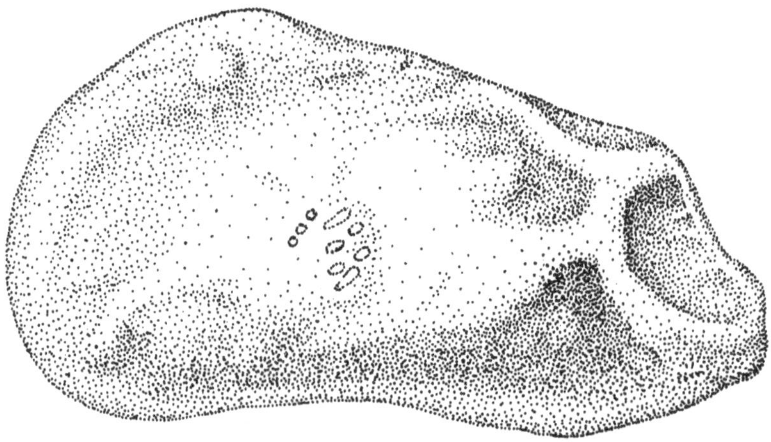

Abb. 113 *Caudites* sp.
LV von außen; Länge: 0,66 mm

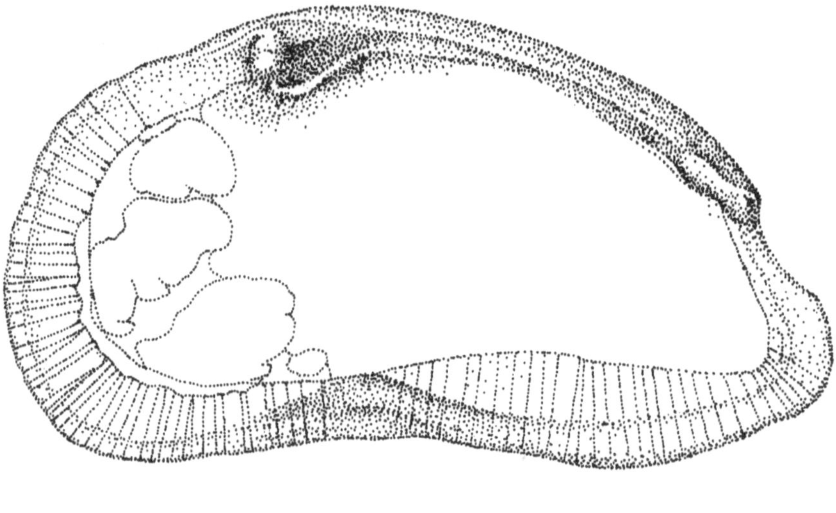

Abb. 114 RV von innen; Länge: 0,64 mm

Gattung	*Echinocythereis* PURI 1953
Typus-Art	*Cythereis garretti* HOWE & McGUIRT 1935
Stratigraphische Reichweite	Eozän – rezent
Geographische Verbreitung	weltweit
Ökologie	marin, in tieferem Wasser
Form	suboval, Länge: 0,7–1,25 mm; LV größer als RV
Skulptur und Ornamentierung	Oberflächen mit kleinen Stacheln oder Höckern bedeckt.
Innenlamelle	mäßig breit; Innenrand und Verwachsungslinie fallen zusammen.
Porenkanäle	randständige Porenkanäle vorn und hinten zahlreich, gerade und einfach gebaut, sich selten verzweigend.
Muskeladrücke	siehe Abb. 116
Schloß	amphidont – heterodont
Sexualdimorphismus	♂♂ etwas länger und schlanker als ♀♀

Abgebildete Art	*Echinocythereis scabra* (v. MÜNSTER 1830)
Alter	Rupel (unterer Meeressand)
Fundort	Waldböckelheim

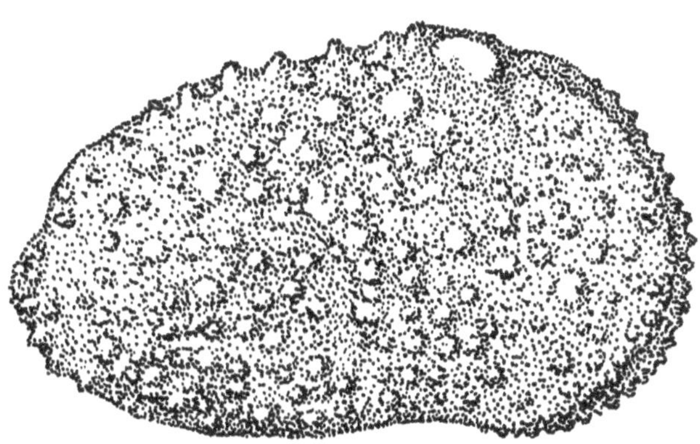

Abb. 115 LV eines Weibchens von außen; Länge: 0,88 mm

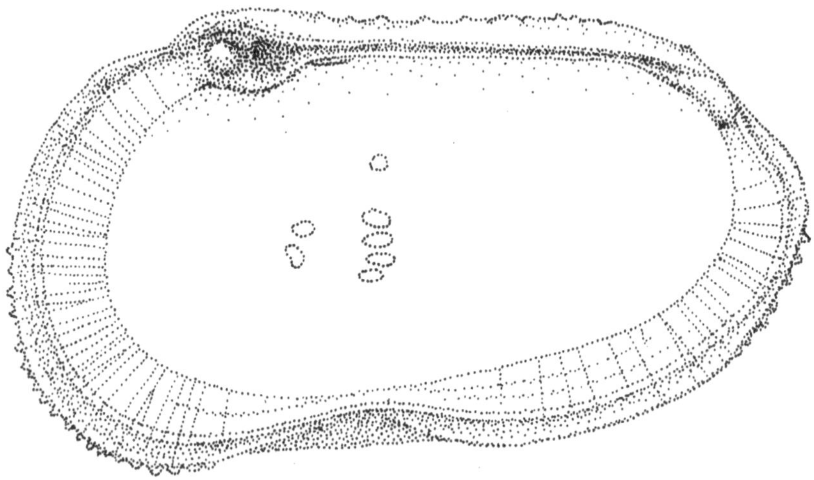

Abb. 116 *Echinocythereis scabra*, Fundort: Siena, Italien
RV eines Weibchens von innen; Länge: 1,1 mm

Gattung	*Leguminocythereis* HOWE & LAW 1936
Typus-Art	*L. scarabaeus* HOWE & LAW 1936
Stratigraphische Reichweite	Eozän – Miozän
Geographische Verbreitung	Europa – N-Amerika
Ökologie	marin
Form	Umriß bohnenförmig; mit latero-ventralen Anschwellungen. LV übergreift RV.
Skulptur und Ornamentierung	Ornamentierung besteht aus einem von Rippen gebildeten Netz. Ein subzentraler Höcker ist schwach zu erkennen.
Innenlamelle	mäßig breit; vorn und hinten sind Vestibula vorhanden.
Porenkanäle	Randständige Porenkanäle sind einfach und gerade und nicht sehr zahlreich (vorn ± 25).
Muskelabdrücke	4 längliche Adduktoren in einer Reihe, davor 2–3 Narben.
Schloß	amphidont – heterodont (siehe Abb. 118)

Sexualdimorphismus	Bei ♀♀ konvergieren Dorsal- und Ventralrand gegen das Hinterende. Bei ♂♂, welche größer sind als die ♀♀, verlaufen Dorsal- und Ventralrand ± parallel zueinander.
Abgebildete Art	*Leguminocythereis* aff. *scrobiculata* (v. MÜNSTER 1830)
Alter	Rupel (unterer Meeressand)
Fundort	Waldböckelheim

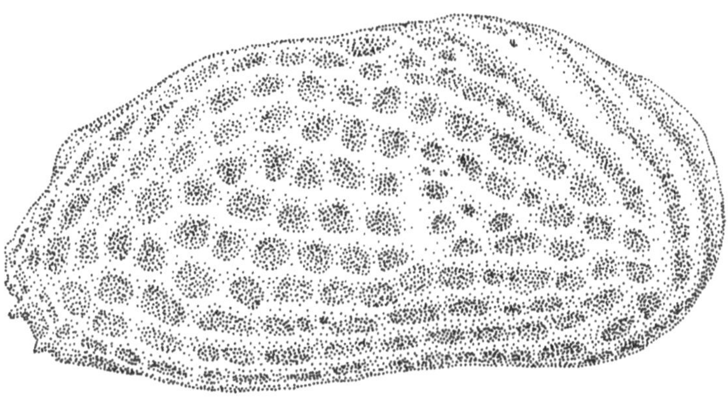

Abb. 117 RV eines ♀ von außen

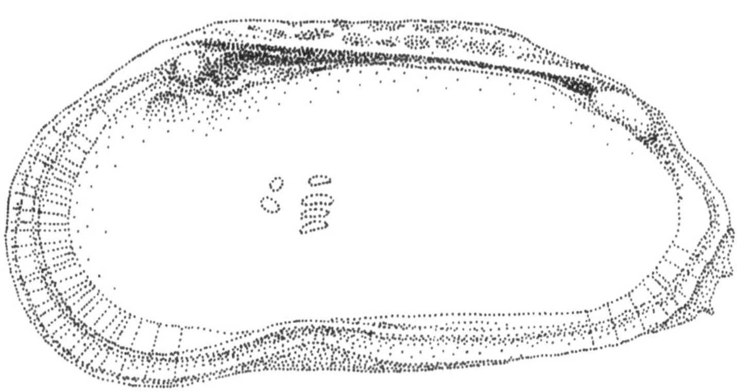

Abb. 118 RV eines ♀ von innen

Gattung	*Triginglymus* BLAKE 1950
Typus-Art	*Triginglymus hyperochus* BLAKE 1950
Stratigraphische Reichweite	Eozän – Miozän
Geographische Verbreitung	N-Amerika – Europa
Ökologie	marin
Form	länglich, subquadratisch
Skulptur und Ornamentierung	Vorn Rippen parallel zum Vorderrand, dazwischen und auf der übrigen Schale retikuliertes Muster.
Innenlamelle	mäßig breit, kein Vestibulum
Porenkanäle	25–30 randständige Porenkanäle
Schloß	amphidont – heterodont mit zusätzlicher Grube am Vorderende des Medianelements.
Augenknoten	schwach ovale Augenknoten sind vorhanden.
Beziehungen	*Leguminocythereis* hat einen mehr bohnenförmigovalen Umriß.
Bemerkungen	B. MOOS (1957) betrachtet *T.* als Synonym von *Leguminocythereis*. Die Unterschiede in Ornamentierung und Umriß sollten jedoch eine Abtrennung in zwei Genera bzw. Subgenera notwendig machen (siehe A. J. KEIJ 1957).
Abgebildete Art	*Triginglymus angulatoporus* (REUSS 1850)
Alter	oberes Lutet
Fundort	Grignon
Vorkommen	Belgien, Frankreich, Holland

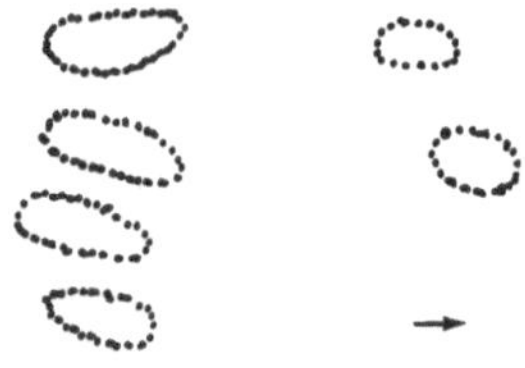

Abb. 119 Muskelfeld einer LV von innen

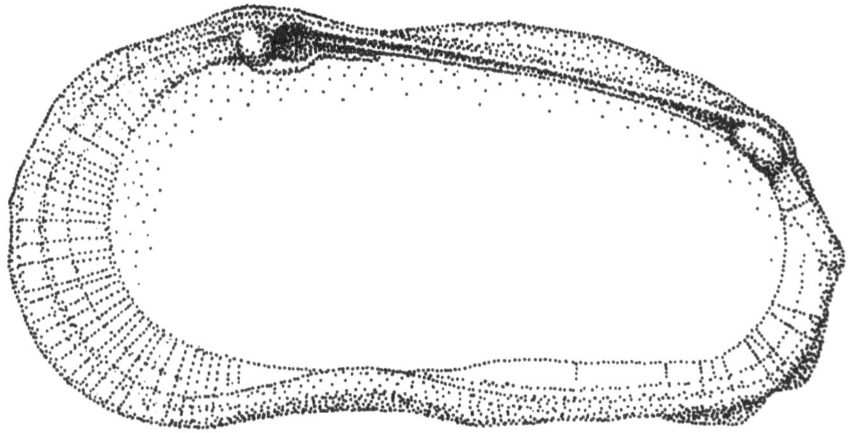

Abb. 120 *Triginglymus angulatoporus*
RV intern; Länge: 0,81 mm

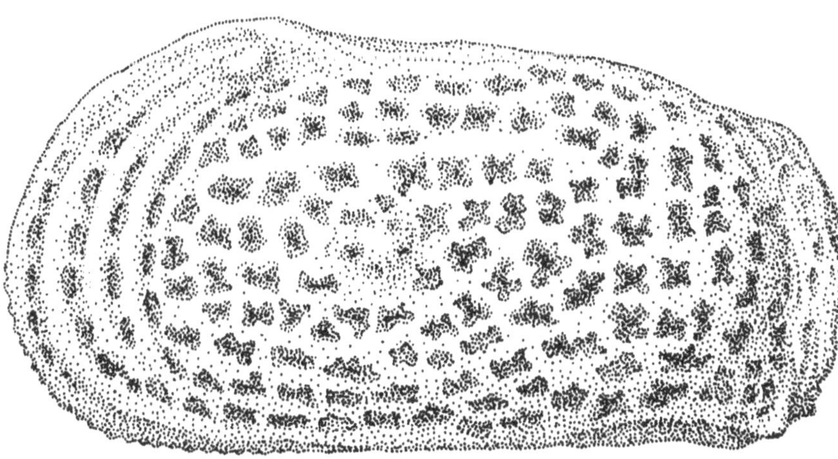

Abb. 121 LV extern; Länge: 0,83 mm

Gattung	*Bosquetina* KEIJ 1957
Typus-Art	*Cythere pectinata* BOSQUET 1852
Stratigraphische Reichweite	Eozän – rezent
Geographische Verbreitung	Europa, Klein-Asien
Ökologie	marin, im infraneritischen Bereich
Form	abgerundet-dreieckig
Skulptur und Ornamentierung	glatt oder mit feinen Grübchen. Ventrolateral ein mit Stacheln besetzter Kiel. Randzähne.
Innenlamelle	mäßig breit; Innenrand und Verwachsungslinie zusammenfallend.
Porenkanäle	randständige Porenkanäle sind mäßig zahlreich, leicht wellig und einfach gebaut.
Muskelabdrücke	siehe Abb. 123
Schloß	amphidont – archidont
Beziehungen	*Brachycythere* ALEXANDER 1933 hat ein anderes Schloß und weist Unterschiede im Muskelfeld auf.
Abgebildete Art	*Bosquetina dentata* (MÜLLER 1894)
Alter	rezent
Fundort	Mittelmeer bei Kos (Griechenland)

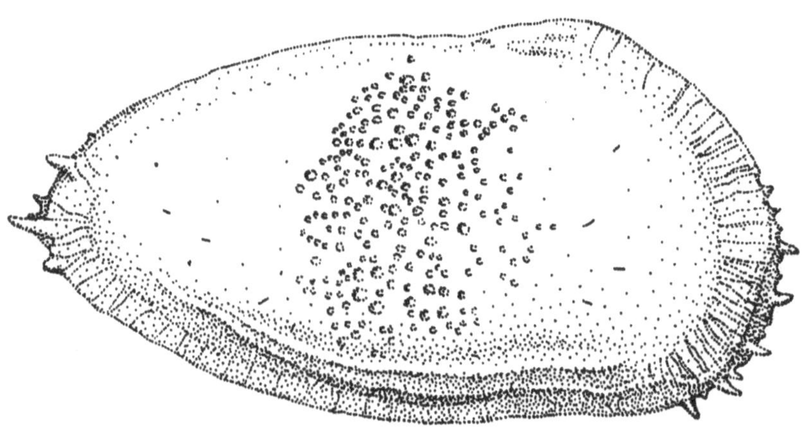

Abb. 122 RV von außen; Länge: 1,35 mm

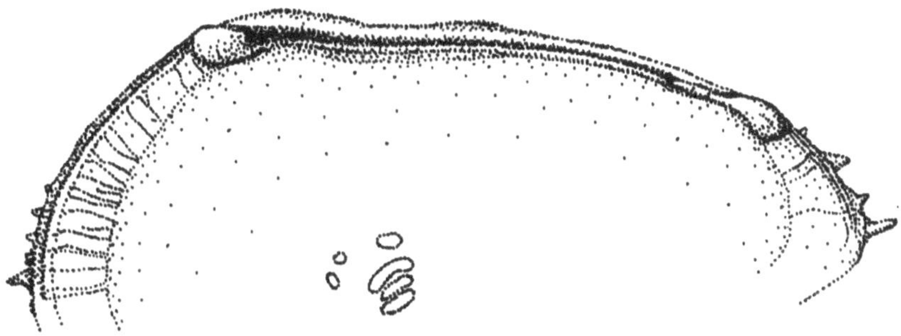

Abb. 123 *Bosquetina dentata*
RV von innen; Länge: 1,26 mm

Unterfamilie	**Trachyleberidinae** SYLVESTER-BRADLEY 1948
Gattung	*Trachyleberis* s. l. BRADY 1898
Typus-Art	*Cythere scabrocuneata* BRADY 1880
Stratigraphische Reichweite	Eozän – rezent
Geographische Verbreitung	weltweit (die Unterart *Trachyleberis (Actinocythereis)* kommt ? nur in N-Amerika vor).
Ökologie	marin, vorwiegend im neritischen Bereich.
Form	In Seitenansicht ungefähr rechteckiger Umriß; Länge: 0,7 bis 1,15 mm; LV ist größer als RV.
Skulptur und Ornamentierung	meist aus kräftigen Höckern und Dornen gebildet. Dazwischen eine unterschiedlich deutliche Retikulierung. Randzähne vorn, hinten Stacheln.
Innenlamelle	Ziemlich breite Randzone. Verschmolzene Zone und Innenrand fallen zusammen und verlaufen nahezu parallel zum Außenrand.
Porenkanäle	Randständige Porenkanäle sind vorn zahlreich und einfach gebaut. Flächenständige Porenkanäle sind nicht zahlreich und klein.
Muskelabdrücke	Zentrales Muskelfeld: in einer Grube gelegen, siehe Abb. 126
Schloß	amphidont – heterodont
Sexualdimorphismus	♂♂ länger und schmaler als ♀♀
Beziehungen	Ähnlich: *Trachycythere* (TRIEBEL & KLINGLER 1959) durch das merodont/entomodonte Schloß unterscheidbar.
Abgebildete Art	*Trachyleberis (Trachyleberis) aculeata* (BOSQUET 1852)
Alter	Eozän
Fundort	Belgien

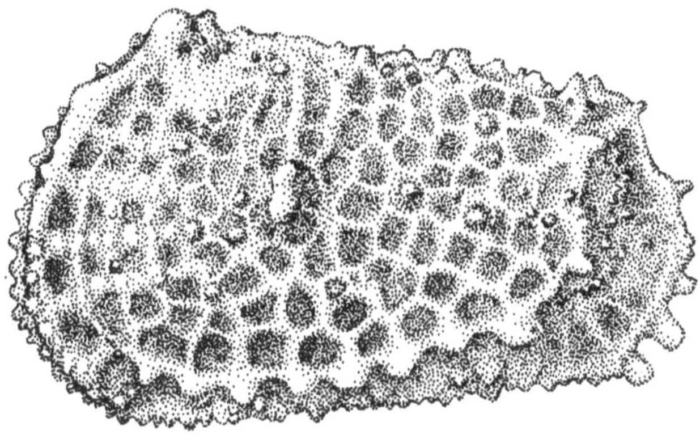

Abb. 124 *Trachyleberis (T.) aculeata*
LV eines ♀ von außen; Länge: 0,85 mm

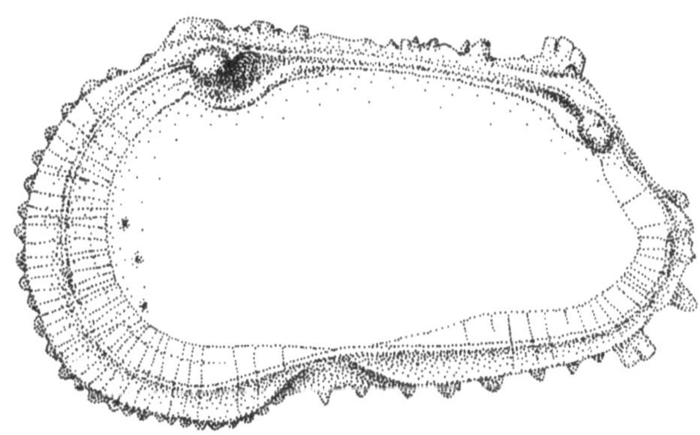

Abb. 125 RV eines ♀ von innen; Länge: 0,84 mm

Abb. 126 Zentrales Muskelfeld und Muskelfeldgrube einer LV, Durchmesser 0,12 mm

Gattung	*Cythereis* JONES 1849
Typus-Art	*Cytherina ciliata* REUSS 1846 = *Cytherina ornatissima* REUSS 1846
Stratigraphische Reichweite	Kreide
Geographische Verbreitung	weltweit
Ökologie	marin
Form	In Seitenansicht trapezförmig. Größe um 1 mm. LV etwas größer als RV.
Skulptur und Ornamentierung	3 Längsrippen mehr oder weniger deutlich ausgebildet. Eine kräftige, kantenförmige Rippe läuft parallel zum Vorderrand; dazwischen meist retikulierte Felder.
Innenlamelle	mäßig breit. Innenrand und Verwachsungslinie fallen zusammen.
Porenkanäle	Randständige Porenkanäle einfach, fast gerade und nicht sehr zahlreich.
Muskelabdrücke	siehe Abb. 129
Schloß	amphidont
Sexualdimorphismus	♂♂ länger als ♀♀
Beziehungen	Von *Protocythere* und *Isocythereis* durch Schloßbau und Größe unterscheidbar.
Abgebildete Art	*Cythereis senckenbergi* TRIEBEL 1940
Alter	Hauterive
Fundort	Neindorf

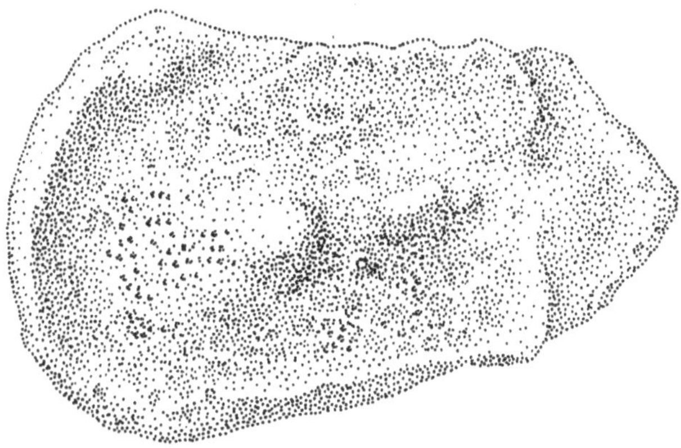

Abb. 127 *Cythereis senckenbergi*
LV eines Weibchens von außen

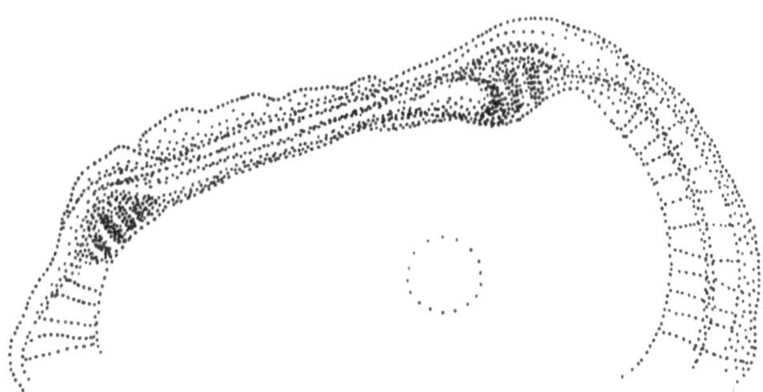

Abb. 128 LV eines Weibchens von innen
(punktierter Kreis: Lage des zentralen Muskelfeldes)

Abb. 129 Zentrales Muskelfeld der LV eines Weibchens von innen
(umgezeichnet nach TRIEBEL 1940)

Gattung	*Carinocythereis* RUGGIERI 1956
Typus-Art	*Cytherina carinata* ROEMER 1838
Stratigraphische Reichweite	? Miozän – rezent
Geographische Verbreitung	vermutlich weltweit
Ökologie	vorwiegend im epineritischen Bereich.
Form	länglich rechteckig in Seitenansicht. LV größer als RV. Länge: 0,8–1 mm.
Skulptur und Ornamentierung	Vier meist unterbrochene und bestachelte Längsrippen auf jeder Schale. Dazwischen kleine Pickel oder Leisten.
Innenlamelle	mäßig breit, mit kleinen Vestibula.
Porenkanäle	Randständige Porenkanäle mäßig zahlreich und leicht wellig. Sie reichen oft bis in die Randzähne hinein.
Muskelabdrücke	Vier ungleich große Adduktoren liegen in einer Reihe untereinander. Davor ein V-förmiger Frontalabdruck.
Schloß	amphidont – heterodont
Sexualdimorphismus	♂♂ länger und schmaler als ♀♀. Die Klappen der ♂♂ sind asymmetrisch.
Beziehungen	Charakteristischer Umriß und Ornamentierung erlauben klare Abgrenzung von anderen Gattungen. Ähnlichkeiten nur mit der eng verwandten *Cativella*.
Abgebildete Art	*Carinocythereis* sp.
Alter	rezent
Fundort	Mittelmeer bei Tripoli (Libyen)

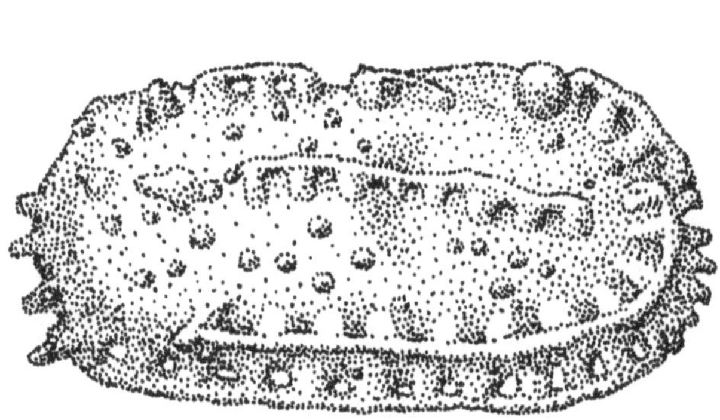

Abb. 130 RV von außen; Länge: 0,9 mm

Gattung	*Platycythereis* TRIEBEL 1940
Typus-Art	*Cythereis excavata* CHAPMAN & SHERBORN 1893
Stratigraphische Reichweite	Valendis – Turon
Geographische Verbreitung	Europa – Asien
Ökologie	marin
Form	länglich-rechteckig in Seitenansicht.
Skulptur und Ornamentierung	kräftige Retikulierung, oft mit einer umlaufenden Randrippe und vorn mit einigen Randzähnen.
Innenlamelle	schmal, ohne Vestibula.
Porenkanäle	wenige, einfach gebaute randständige Porenkanäle (vorn: 6–9)
Schloß	amphidont – heterodont
Sexualdimorphismus	♂♂ etwas gestreckter als ♀♀
Beziehungen	Typische Retikulierung unterscheidet *Platycythereis* T. 1940 von anderen Gattungen.

Abgebildete Art	*Platycythereis* aff. *rectangularis* OERTLI 1958
Alter	Cenoman
Fundort	St. Paulet de Caisson, S-Frankreich

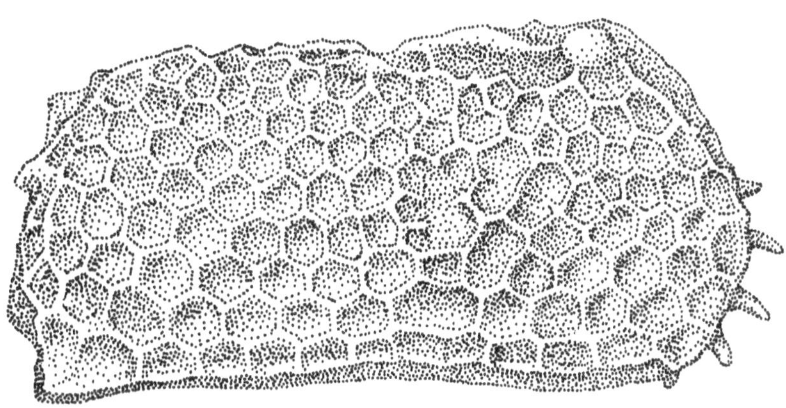

Abb. 131 RV von außen; Länge: 1,1 mm

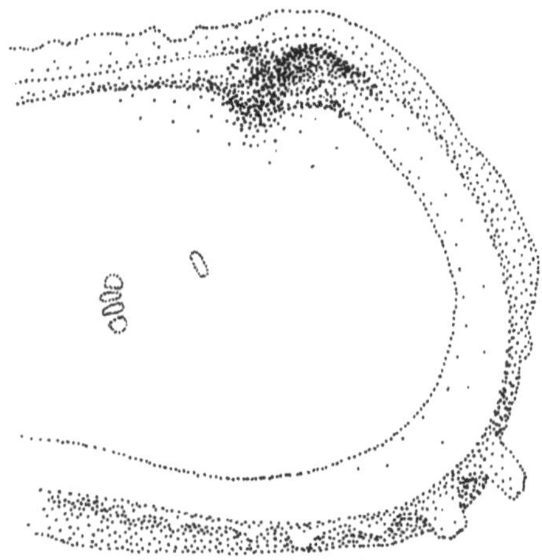

Abb. 132 *Platycythereis* aff. *rectangularis* LV von innen, vorderer Schalenteil

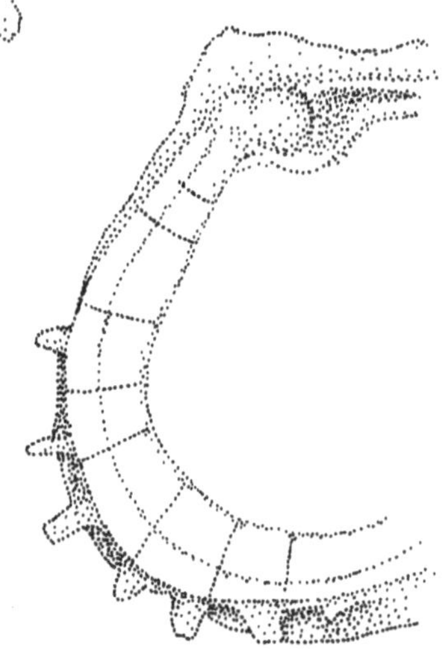

Abb. 133 RV Randzone von innen

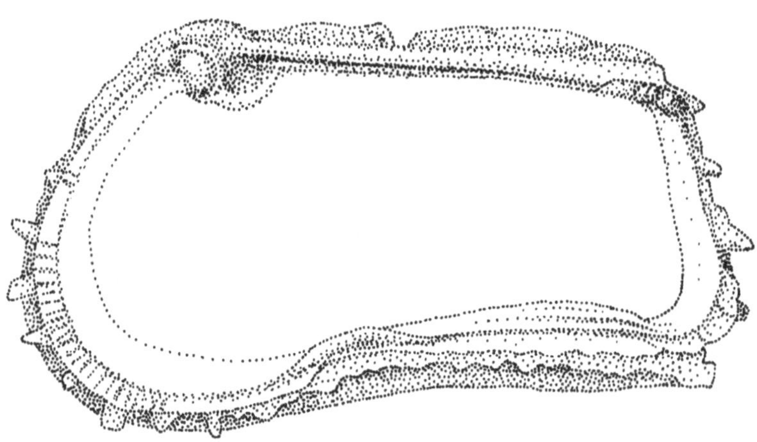

Abb. 134 RV von innen; Länge: 1,1 mm

Gattung	*Occultocythereis* HOWE 1951
Typus-Art	*Occultocythereis delumbata* HOWE 1951
Stratigraphische Reichweite	Paläozän – rezent
Geographische Verbreitung	weltweit
Ökologie	marin, epineritisch
Form	länglich, rechteckig in Seitenansicht Größe: 0,5 mm. LV größer als RV.
Skulptur und Ornamentierung	Kräftiger Vorderrand. Häufig je eine Dorsal- und Ventralrippe, die flügelartig enden können. Meist glatt.
Innenlamelle	breit, Innenrand und Verwachsungslinie fallen zusammen.
Porenkanäle	wenige randständige Porenkanäle, die aber auf der halben Breite der Innenlamelle sich in bis zu 4 Kanälen verzweigen.
Muskelabdrücke	siehe Abb. 136
Schloß	amphidont – heterodont
Sexualdimorphismus	♂♂ länger als ♀♀ und asymmetrisch skulptiert.
Beziehungen	Skulptur, Größe und randständige Porenkanäle erlauben eine klare Abtrennung von anderen Gattungen.

Abgebildete Art	*Occultocythereis* sp.
Alter	Lutet
Fundort	Pariser Becken, Liancourt – St. Pierre

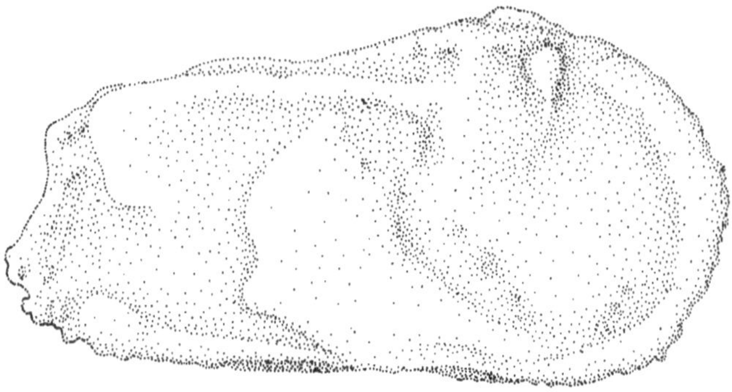

Abb. 135 *Occultocythereis* sp.
Gehäuse von rechts; Länge: 0,5 mm
(umgezeichnet nach TRIEBEL 1958)

Abgebildete Art	*Occultocythereis* aff. *lineata* MÜLLER
Alter	rezent
Fundort	Mittelmeer

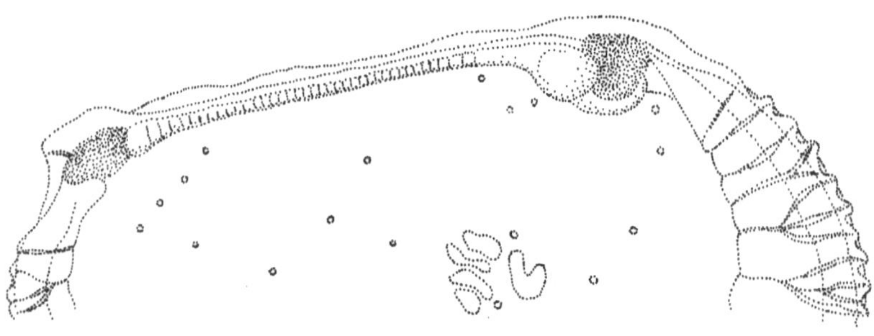

Abb. 136 LV von innen; Länge: 0,61 mm
(umgezeichnet nach VAN MORKHOVEN 1963)

Gattung	*Costa* NEVIANI 1928
Typus-Art	*Cytherina edwardsii* ROEMER 1838
Stratigraphische Reichweite	Senon – rezent
Geographische Verbreitung	weltweit
Ökologie	neritisch
Form	grob rechteckig

Skulptur und Ornamentierung	3 Längsrippen und eine Rippe am Vorderrand. Dazwischen meist retikuliert. Deutlicher Augenhöcker und Randzähne.
Innenlamelle	mäßig breit; Innenrand und Verwachsungslinie zusammenfallend.
Porenkanäle	vorn 20–25 einfach gebaute, gerade randständige Porenkanäle.
Muskelabdrücke	4 Narben untereinander, davor ein V-förmiger Frontalabdruck.
Schloß	amphidont – heterodont
Sexualdimorphismus	♂♂ etwas länger als ♀♀
Beziehungen	im Gegensatz zu *Hermanites* und *Occultocythereis* besitzt *Costa* eine deutliche mediane Längsrippe.

Abgebildete Art	*Costa edwardsii* (ROEMER 1838)
Alter	Pliozän
Fundort	Palermo, Italien

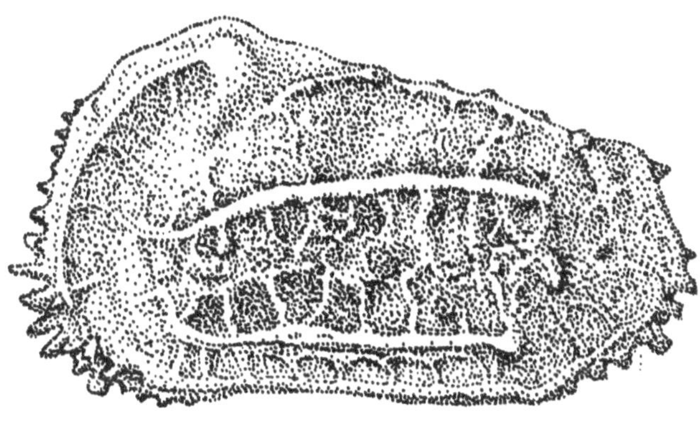

Abb. 137 LV eines Männchens von außen; Länge: 0,84 mm

Gattung	*Hermanites* PURI 1955
Typus-Art	*Hermania reticulata* PURI 1953
Stratigraphische Reichweite	Senon – rezent
Geographische Verbreitung	weltweit
Ökologie	marin, epineritisch
Form	grob rechteckig
Skulptur und Ornamentierung	dorsal und ventral je eine Längsrippe. Subzentraler Höcker; häufig mit Randzähnen; Oberflächen retikuliert.
Innenlamelle	mäßig breit; Innenrand und Verwachsungslinie zusammenfallend.
Porenkanäle	randständige Porenkanäle: gerade, einfach und nicht zahlreich.
Muskelabdrücke	4 Narben untereinander, davor ein grob V-förmiger Frontalabdruck
Schloß	amphidont – heterodont
Sexualdimorphismus	♂♂ etwas länglicher als ♀♀. Teilweise auch Skulpturunterschiede.
Beziehungen	Unterschiede zu ähnlich aussehenden Gattungen durch fehlende Medianrippe (*Costa*) und V-förmigen Frontalabdruck (*Cythere*).
Abgebildete Art	*Hermanites paijenborchiana* KEIJ 1957
Alter	Pliozän
Fundort	Palermo/Italien

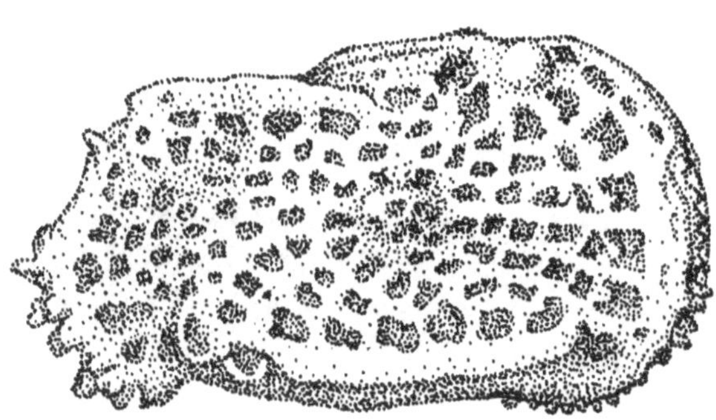

Abb. 138 RV eines Weibchens von außen; Länge: 0,8 mm

Gattung	*Henryhowella* PURI 1957
Typus-Art	*Cythere evax* ULRICH & BASSLER 1904
Stratigraphische Reichweite	Eozän – rezent
Geographische Verbreitung	weltweit
Ökologie	marin, in Wassertiefen über 100 bis 1000 m
Form	rechteckig, gedrungen, Augenknoten meist schwach
Skulptur und Ornamentierung	Oberflächen mit Stacheln bedeckt, die teilweise in konzentrisch verlaufenden Reihen angeordnet sind. Rippen und Retikulierung schwach zu erkennen.
Innenlamelle	mäßig breit, vorn mit einem kleinen Vestibulum
Porenkanäle	randständige Porenkanäle: zahlreich, einfach und gerade
Muskelabdrücke	siehe Abb. 140
Schloß	amphidont – heterodont
Beziehungen	*Henryhowella* hat gegenüber *Echinocythereis* einen V-förmigen Frontalabdruck.

Abgebildete Art	*Henryhowella sarsii* (MÜLLER 1894)
Alter	Pleistozän
Fundort	Kalabrien

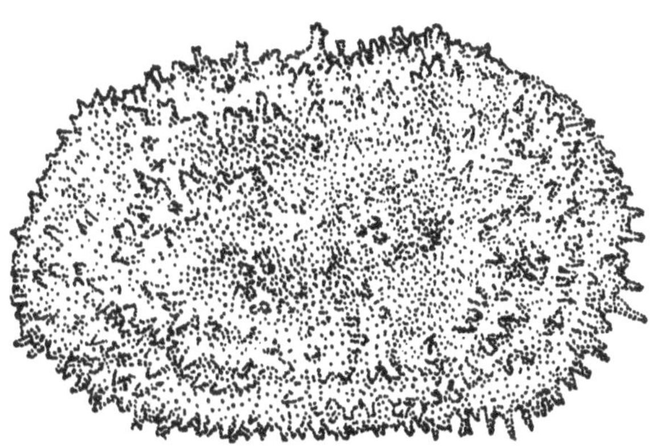

Abb. 139 RV von außen; Länge: 0,83 mm

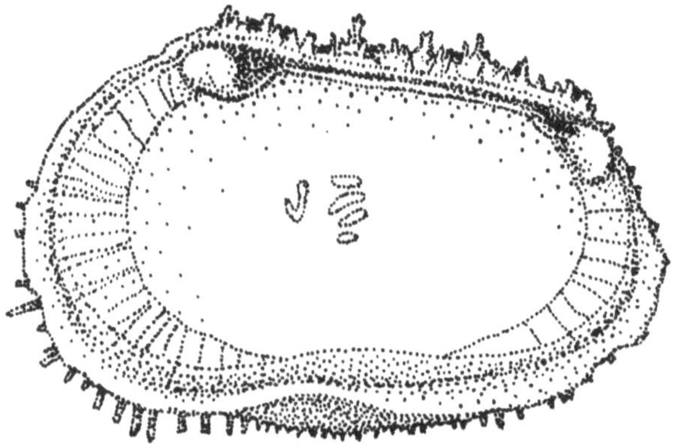

Abb. 140 *Henryhowella sarsii*
RV von innen

Gattung	*Pterygocythereis* BLAKE 1933
Typus-Art	*Cythereis jonesii* BAIRD 1850
Stratigraphische Reichweite	Cenoman – rezent
Geographische Verbreitung	weltweit
Ökologie	marin, vorwiegend in flachem Wasser (10–150 m)
Form	grob rechteckig in Seitenansicht.
Skulptur und Ornamentierung	ventrolateraler Flügel mit Stacheln besetzt. Stachelähnliche Dornen auch an den Rändern der Klappen.
Innenlamelle	mäßig breit. Innenrand und Verwachsungslinie zusammenfallend.
Porenkanäle	mäßig zahlreich, gerade, einfach, in der distalen Hälfte leicht verdickt.
Muskelabdrücke	4 Narben in einer Reihe untereinander, davor ein V-förmiger Frontalabdruck.
Schloß	amphidont – heterodont
Sexualdimorphismus	♂♂ etwas länger und schmaler als ♀♀
Beziehungen	Durch die auffällige Skulptur hebt sich *Pterygocythereis* klar von anderen Gattungen ab.

Bemerkungen	Die zweite Untergattung *Pterygocythereis (Pterygocythere)* HILL 1954 hat ein gezähneltes hinteres Schloßelement.
Abgebildete Art	*Pterygocythereis (Pterygocythereis) jonesii* (BAIRD 1850)
Alter	Pliozän
Fundort	Palermo/Italien

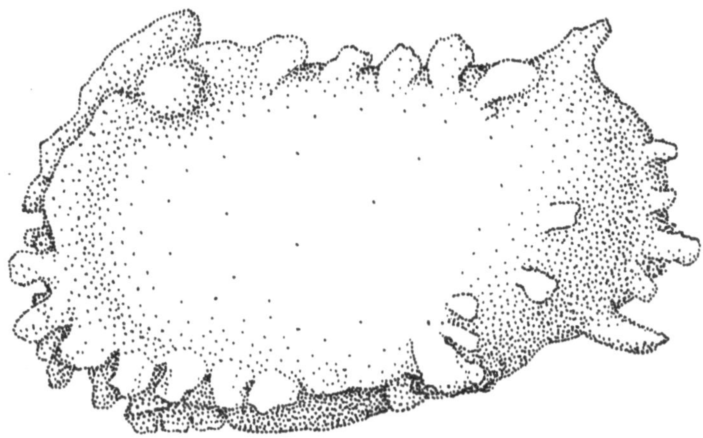

Abb. 141 LV von außen; Länge: 0,93 mm

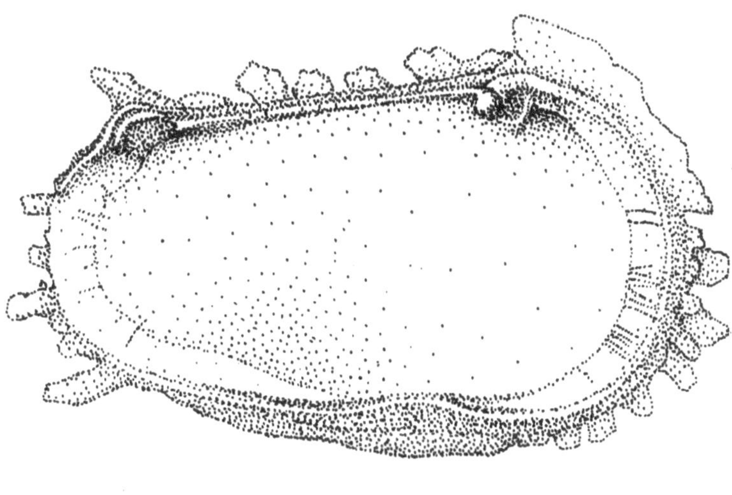

Abb. 142 LV von innen

Gattung	*Protocythere* TRIEBEL 1938
Typus-Art	*Cytherina triplicata* ROEMER 1840
Stratigraphische Reichweite	Kimmeridge – Cenoman
Geographische Verbreitung	weltweit
Ökologie	marin
Form	stark abgerundet, dreieckig-oval
Skulptur und Ornamentierung	3 Längsrippen, manchmal als längliche Anschwellungen ausgebildet; glatt bis retikuliert.
Innenlamelle	mäßig breit, Innenrand und Verwachsungslinie zusammenfallend.
Porenkanäle	vorn 18–20 randständige Porenkanäle, die einfach, gebogen und distal etwas erweitert sind.
Muskelabdrücke	siehe Abb. 144
Schloß	entomodont
Sexualdimorphismus	♂♂ länger und niedriger als ♀♀
Beziehungen	*Pleurocythere* ist anders ornamentiert, *Cythereis* zeigt Unterschiede in Schloß und Umriß. Einige *Protocythere*-Arten vorn mit Vestibulum.

Abgebildete Art	*Protocythere triplicata* (ROEMER 1841)
Alter	Hauterive
Fundort	Harliberg

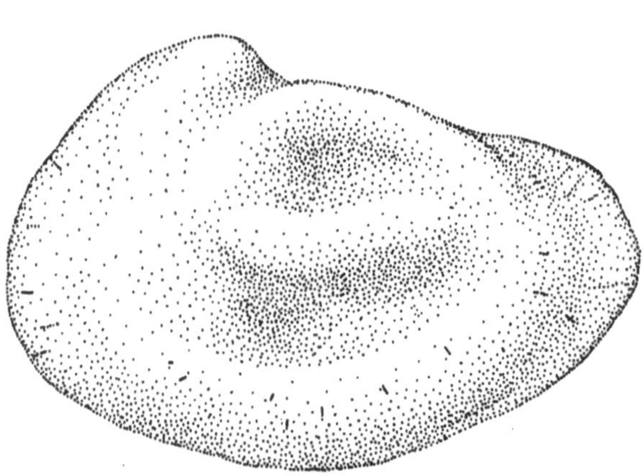

Abb. 143 Gehäuse von links; Länge: 0,96 mm

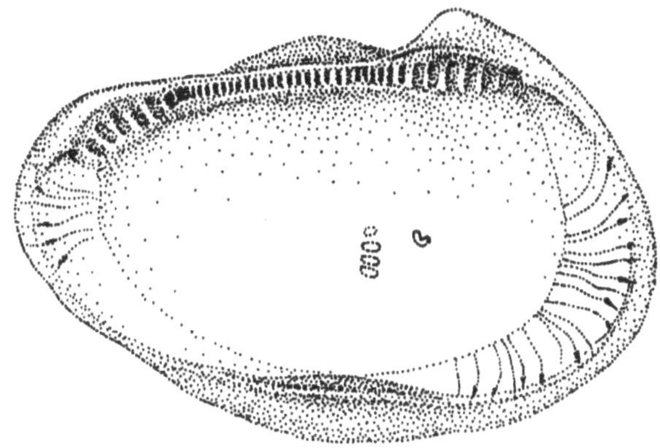

Abb. 144 *Protocythere triplicata*
LV von innen; Länge: 0,93 mm

Gattung	*Pleurocythere* TRIEBEL 1951
Typus-Art	*Pleurocythere richteri* TRIEBEL 1951
Stratigraphische Reichweite	Bajocien – Unter-Callovien
Geographische Verbreitung	Asien – Europa
Ökologie	marin
Form	länglich oval mit geraden bis leicht konkavem Venter. LV höher und größer als RV.
Skulptur und Ornamentierung	3 Längsrippen mit glatten bis retikulierten Zwischenfeldern.
Innenlamelle	mäßig breit
Porenkanäle	Vorn 8 bis 10 randständige Porenkanäle leicht nach oben gebogen.
Muskelabdrücke	Muskelfeld siehe Abb. 146
Schloß	merodont – entomodont. Terminale Zähne sind dorsal eingeschnitten. Medianelement gezähnelt.
Sexualdimorphismus	♂♂ länger als ♀♀
Bemerkungen und Beziehungen	ähnlich dem möglichen Vorfahren *Protocythere*.
Abgebildete Art	*Pleurocythere connexa* TRIEBEL 1951
Alter	Bajocien
Fundort	Buchberg bei Blumberg (Donaueschingen)

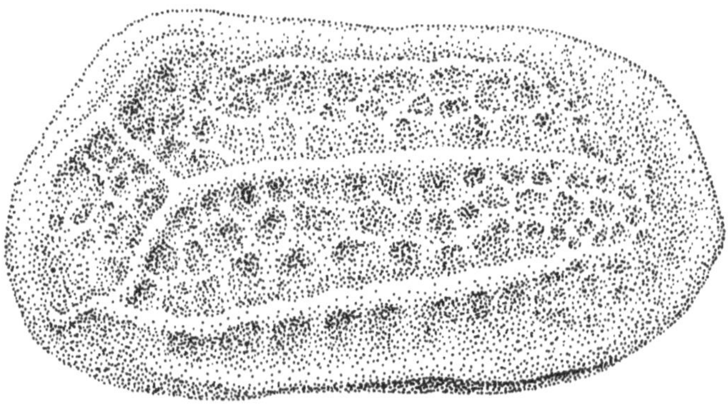

Abb. 145 *Pleurocythere connexa*
Gehäuse eines ♂ von links

Abb. 146 Muskelfeld einer *Pleurocythere richteri T.* LV von innen (umgezeichnet nach TRIEBEL 1951)

Gattung	*Ruggieria* KEIJ 1957
Typus-Art	*Cythere micheliana* BOSQUET 1852
Stratigraphische Reichweite	Miozän – rezent
Geographische Verbreitung	Europa
Ökologie	marin; vermutlich in flacherem Wasser.
Form	in Seitenansicht dreieckig – oval.
Skulptur und Ornamentierung	Einige Längsrippen auf den Klappen glatt oder retikuliert.
Innenlamelle	mäßig breit; Innenrand und Verwachsungslinie fallen vermutlich zusammen.
Porenkanäle	Randständige Porenkanäle: vorn 20–25, einfach gebaut und gebogen.
Muskelabdrücke	siehe Abb. 148

Schloß	amphidont – heterodont
Sexualdimorphismus	♂♂ schlanker als ♀♀
Beziehungen	Von *Leguminocythereis* HOWE 1936 durch Umriß, Schloß und Ornamentierung unterschieden.
Abgebildete Art	*Ruggieria* sp.
Alter	Pliozän
Fundort	Kalabrien

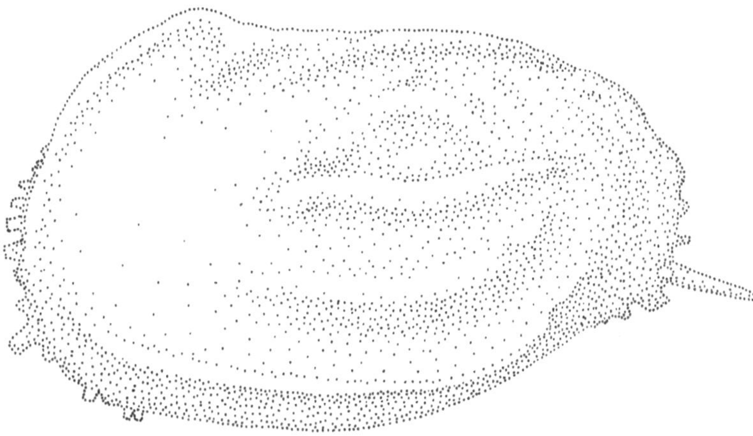

Abb. 147 LV von außen; Länge: 1,02 mm

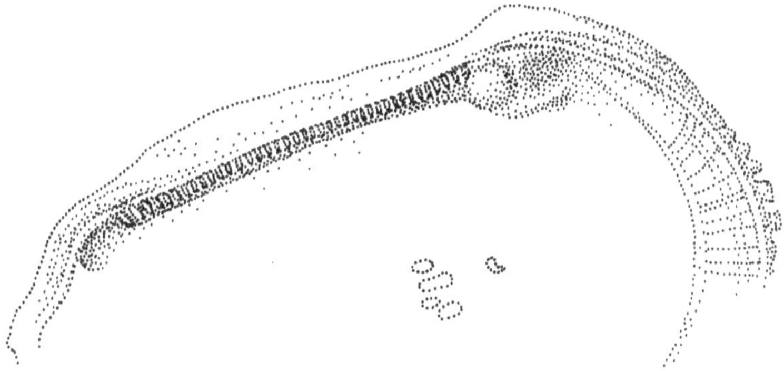

Abb. 148 LV von innen; Länge: 1,02 mm

Unterfamilie	**Cytherettinae** TRIEBEL 1952
Gattung	*Cytheretta* MÜLLER 1894
Typus-Art	*Cytheretta rubra* MÜLLER 1894
Stratigraphische Reichweite	Paläozän – rezent
Geographische Verbreitung	Europa
Ökologie	epineritisch, nahe der Küste
Form	länglich oval in Seitenansicht
Skulptur und Ornamentierung	Längsrippen oder kleine Gruben in Längsreihen angeordnet.
Innenlamelle	sehr breit; Innenrand und Verwachsungslinie fallen zusammen, sie bilden, besonders im ventralen Bereich, eine unregelmäßig geformte Linie.
Porenkanäle	randständige Porenkanäle sind zahlreich, lang, unregelmäßig gebogen und unverzweigt.
Muskelabdrücke	siehe Abb. 150
Schloß	amphidont – heterodont
Sexualdimorphismus	♂♂ etwas länglicher als ♀♀
Beziehungen	Nur *Cytheretta* und damit eng verwandte Gattungen wie *Paracytheretta* und *Neocytheretta* haben den charakteristischen Innenrand.
Abgebildete Art	*Cytheretta rubra* MÜLLER 1894 Syn.: *C. subradiosa* ROEMER 1838
Alter	rezent
Fundort	Mittelmeer bei Marseille

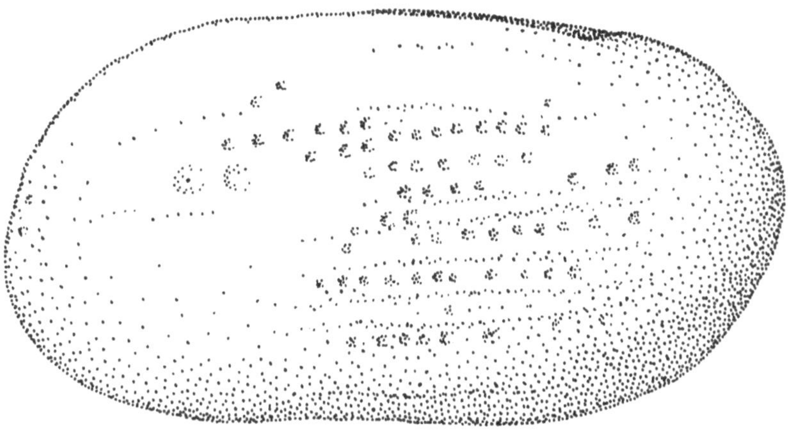

Abb. 149 *Cytheretta rubra*
Gehäuse von links; Länge: 1,13 mm

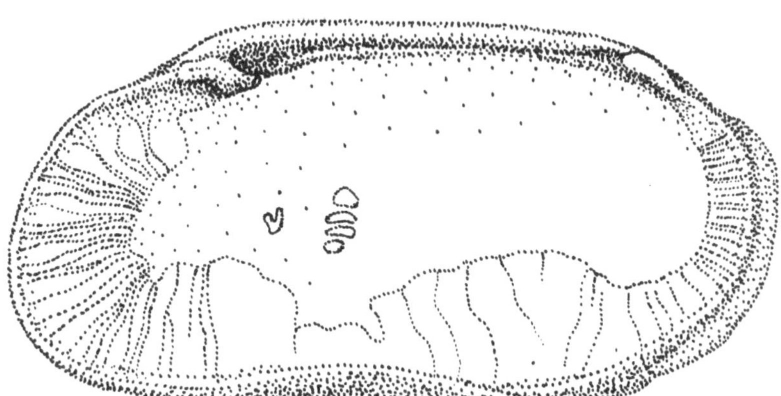

Abb. 150 RV von innen; Länge: 1,16 mm

Gattung	*Buntonia* HOWE 1935
Typus-Art	*Buntonia shubutaensis* HOWE 1935
Stratigraphische Reichweite	Senon – rezent
Geographische Verbreitung	Europa – Afrika, N-Amerika – S-Amerika
Ökologie	marin, in unterschiedlichen Wassertiefen ? in brackischen Gewässern
Form	Umriß in Seitenansicht dreieckig-oval.
Skulptur und Ornamentierung	In der hinteren Hälfte Leistenmuster, sonst glatt oder mit Gruben verziert.
Innenlamelle	vorn mäßig breit; selten mit einem kleinen Vestibulum.
Porenkanäle	randständige Porenkanäle sind zahlreich, sie treten in der unteren Hälfte häufiger auf.
Muskelabdrücke	siehe Abb. 152
Schloß	amphidont – heterodont
Sexualdimorphismus	Männchen länglicher als Weibchen.
Beziehungen	Gebenüber *Ambocythere* VAN DEN BOLD 1957 (ohne Abb.) ist *Buntonia* dreieckiger im Umriß.
Abgebildete Art	*Buntonia* aff. *radiotopora* SEGUENZA 1880
Alter	Pliozän
Fundort	Kalabrien

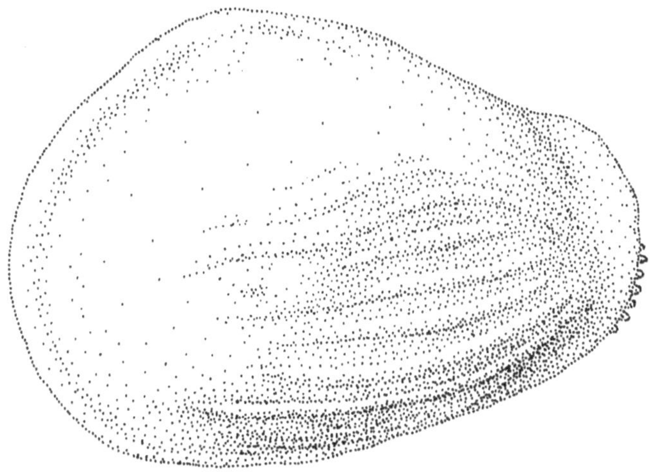

Abb. 151 *Buntonia* aff. *radiotopora*
LV von außen; Länge: 0,93 mm

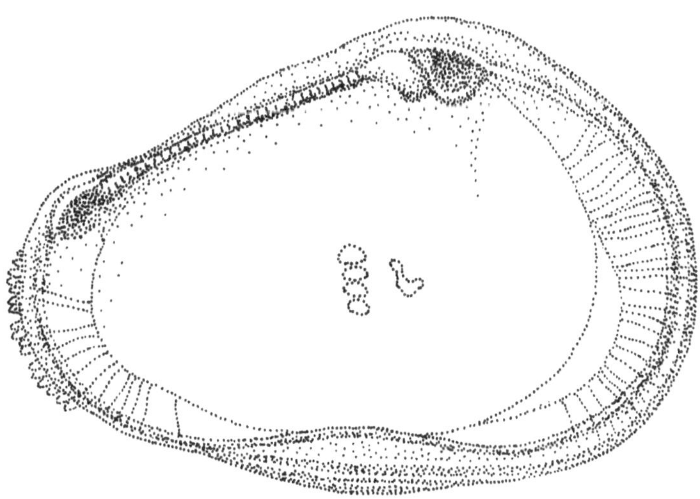

Abb. 152 LV von innen; Länge: 0,93 mm

Unterfamilie	**Progonocytherinae** SYLVESTER-BRADLEY 1948
Gattung	*Progonocythere* SYLVESTER-BRADLEY 1948
Typus-Art	*Progonocythere stilla* SYLVESTER-BRADLEY 1948
Stratigraphische Reichweite	Lias – Malm
Geographische Verbreitung	vermutlich weltweit
Ökologie	marin bis leicht brackisch
Form	eiförmig-dreieckig; Ventralrand durch überhängende lateroventrale Anschwellung verdeckt.
Skulptur und Ornamentierung	Schalen sind dick verkalkt mit glatten Oberflächen.
Innenlamelle	mäßig breit; keine Vestibula.
Porenkanäle	wenige, einfach gebaute, gerade, randständige Porenkanäle.
Muskelabdrücke	4 Narben gleichmäßig in einer Reihe untereinander, davor 1 grober V-förmiger Frontalabdruck.
Schloß	amphidont – archidont
Beziehungen	durch Schloßbau und glatte Oberflächen von Formen mit ähnlichem Umriß unterscheidbar.
Abgebildete Art	*Progonocythere stilla* SYLVESTER-BRADLEY 1948
Alter	Bathon
Fundort	Boulogne s. M., Frankreich

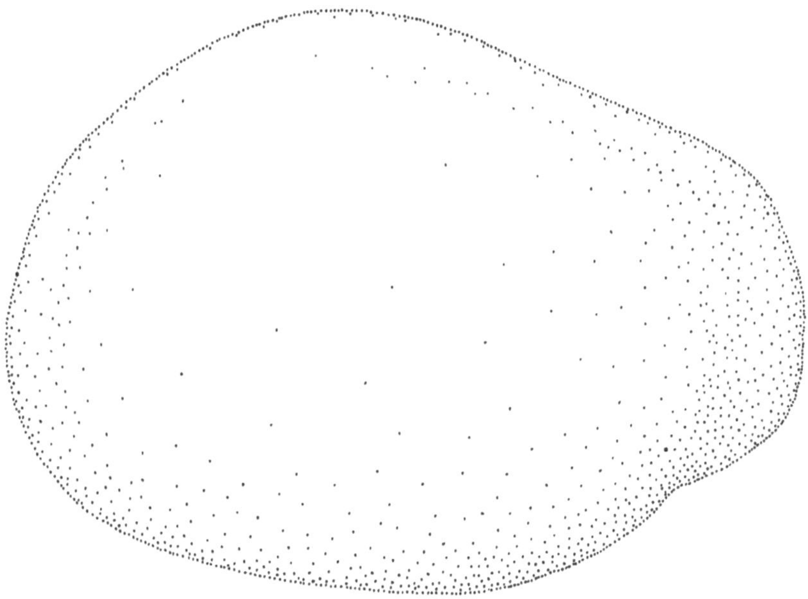

Abb. 153 *Progonocythere stilla*
LV von außen; Länge: 0,75 mm

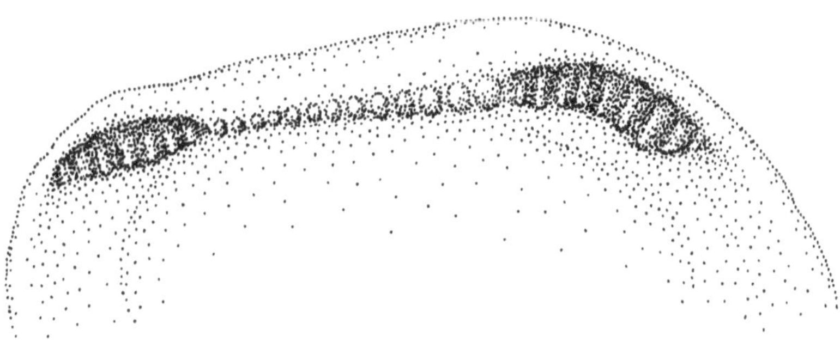

Abb. 155 LV von innen; Länge: 0,75 mm

Gattung	*Lophocythere* SYLVESTER-BRADLEY 1948
Typus-Art	*Cytheridea ostreata* JONES & SHERBORN 1888
Stratigraphische Reichweite	Dogger – unterer Malm
Geographische Verbreitung	Europa, Asien
Ökologie	marin, vermutlich epineritisch
Form	abgerundet-rechteckig, Hinterrand schwach zugespitzt
Skulptur und Ornamentierung	fast immer sind 4 Längsrippen deutlich ausgebildet, dazwischen retikuliert.
Innenlamelle	mäßig breit, Verwachsungslinie und Innenrand zusammenfallend.
Porenkanäle	vorn 6–8 einfach gebaute, gerade randständige Porenkanäle.
Schloß	amphidont – archidont
Beziehungen	durch charakteristische Skulptur von anderen Gattungen abtrennbar (vgl. auch *Fastigatocythere*).

Abgebildete Art	*Lophocythere caesa caesa* TRIEBEL 1951
Alter	Mittel-Callovien
Fundort	Bohrung Fuhrberg Ost

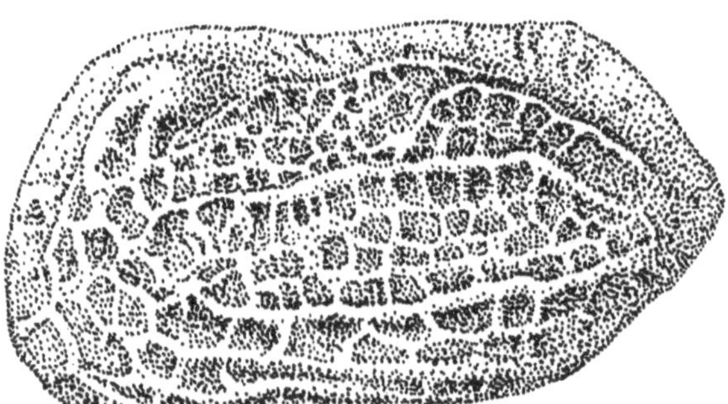

Abb. 155 LV eines Weibchens von außen; Länge: 0,81 mm

Gattung	*Macrodentina* MARTIN 1940
Typus-Art	*Macrodentina lineata* MARTIN 1940
mit den **Untergattungen**	*Macrodentina* (*Macrodentina*) MARTIN 1940
Typus-Art	*Macrodentina lineata*
Ökologie	marin bis brackisch
	Macrodentina (*Dictyocythere*) SYLVESTER-BRADLEY 1956
Typus-Art	*Cythere retirugata* JONES 1885
Ökologie	vorwiegend brackischer Bereich
	Macrodentina (*Polydentina*) MALZ 1958
Typus-Art	*Chlithrocytheridea*? *steghausi* KLINGLER 1955
Ökologie	marin (litoraler Bereich)
Stratigraphische Reichweite	Callovien – Valendis
Geographische Verbreitung	Europa, Asien
Ökologie	siehe oben
Form	in Seitenansicht trapezförmig; LV größer als RV
Skulptur und Ornamentierung	meist einige deutliche latero-ventrale Rippen. Oberflächen fast glatt bis stark retikuliert oder mit Querleisten und dazwischenliegender Musterung.
Innenlamelle	mäßig breit, Verwachsungslinie und Innenrand fallen zusammen.
Porenkanäle	vorn 12 bis 15 gerade und einfach gebaute randständige Porenkanäle
Muskelabdrücke	4 rundliche Narben untereinander, davor ein grob V-förmiger Frontalabdruck.
Schloß	amphidont – archidont bzw. heterodont, vgl. Abb.
Sexualdimorphismus	♂♂ länger und etwas höher als ♀♀
Beziehungen	*Macrodentina* kann durch das Fehlen von Augenhöckern und Mediansulcus von *Amphicythere* und *Acanthocythere*

und durch das glatte Mittelschloß und die Ornamentierung von *Progonocythere*-Arten unterschieden werden.

Die Untergattungen können durch den Bau des Schlosses voneinander getrennt werden.

Abgebildete Art	*Macrodentina (Dictyocythere) mediostricta transfuga* MALZ 1958
Alter	Wealden
Fundort	Bohrung Anhagen

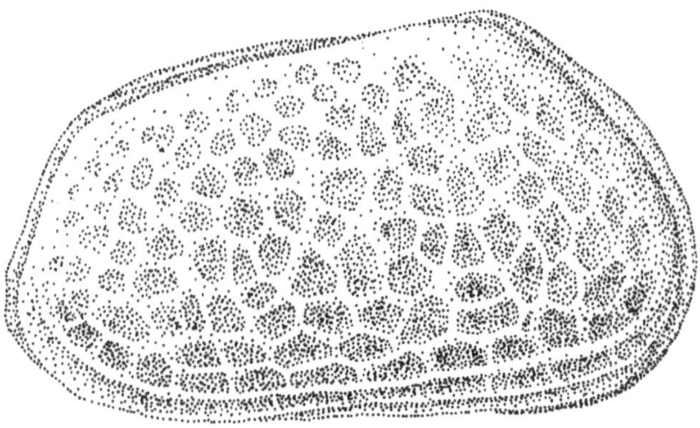

Abb. 156 Gehäuse eines Weibchens von rechts

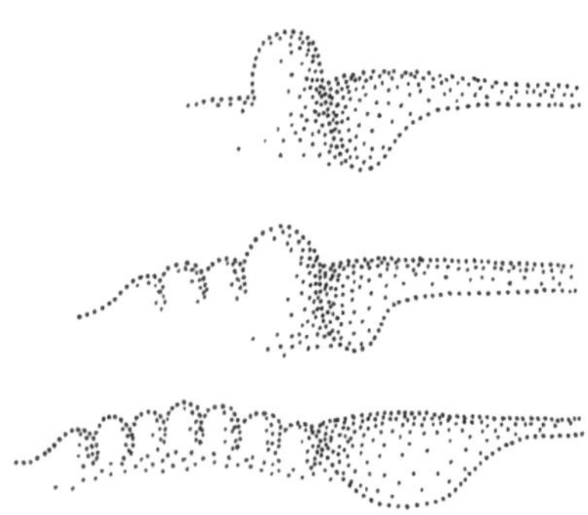

Abb. 157 Jeweils vorderer Schloßteil einer RV von
oben: *Macrodentina (Dictyocythere)*
Mitte: *Macrodentina (Macrodentina)*
unten: *Macrodentina (Polydentina)* (nach MALZ 1958)

Gattung	*Neocythere* MERTENS 1956
Typus-Art	*Neocythere vanveeni* MERTENS 1956
Stratigraphische Reichweite	Apt – Alb
Geographische Verbreitung	Europa, Asien
Ökologie	marin
Form	eiförmig-dreieckig
Skulptur und Ornamentierung	± kräftige, konzentrisch verlaufende Rippen.
Innenlamelle	vorn mäßig breit. Innenrand und Verwachsungslinie zusammenfallend.
Porenkanäle	wenige gerade und einfach gebaute Porenkanäle
Muskelabdrücke	4 Narben in einer Reihe untereinander, davor ein ovaler Frontalabdruck
Schloß	amphidont – heterodont
Sexualdimorphismus	♂♂ etwas länger und niedriger als ♀♀
Beziehungen	durch den Schloßbau von *Centrocythere* MERTENS 1956 unterscheidbar.
Abgebildete Art	*Neocythere (Neocythere) protovanveenae* KAYE 1963
Alter	Barrême
Fundort	Bohrung Georgsdorf

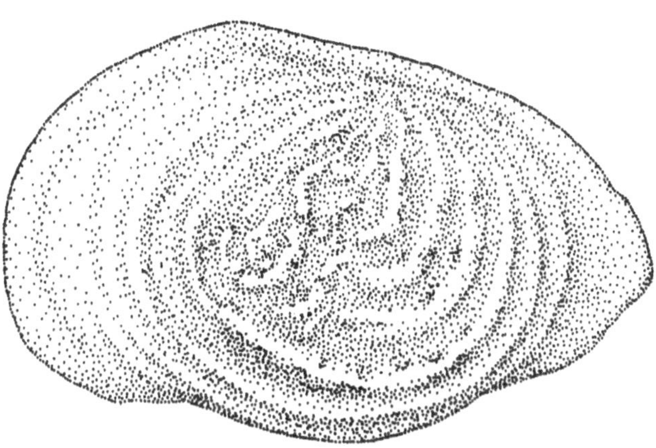

Abb. 158 LV eines Männchens von außen; Länge: 0,56 mm

Gattung	*Exophthalmocythere* TRIEBEL 1938
Typus-Art	*Exophthalmocythere mamillata* TRIEBEL 1938
Stratigraphische Reichweite	Kimmeridge – Cenoman
Geographische Verbreitung	Europa
Ökologie	marin
Form	länglich-rechteckig in Seitenansicht; LV größer als RV
Skulptur und Ornamentierung	Oberflächen mit Gruben, Höckern oder Stacheln verziert. Stark hervorragende Augenhöcker.
Innenlamelle	vorn breit, hinten schmal; Innenrand und Verwachsungslinie fallen zusammen.
Porenkanäle	vermutlich zahlreiche, gerade, randständige Porenkanäle
Schloß	amphidont – heterodont
Abgebildete Art	*Exophthalmocythere fuhrbergensis* STEGHAUS 1951
Alter	mittleres Unterkimmeridge
Fundort	Marnes Moyennes Menil la Horgue

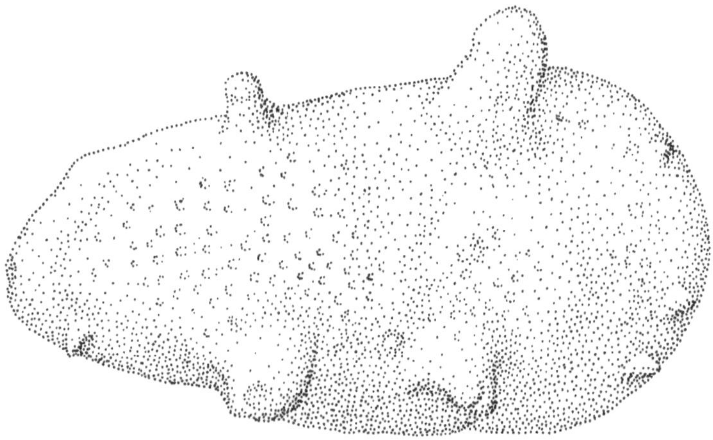

Abb. 159 RV von außen; Länge: 0,67 mm

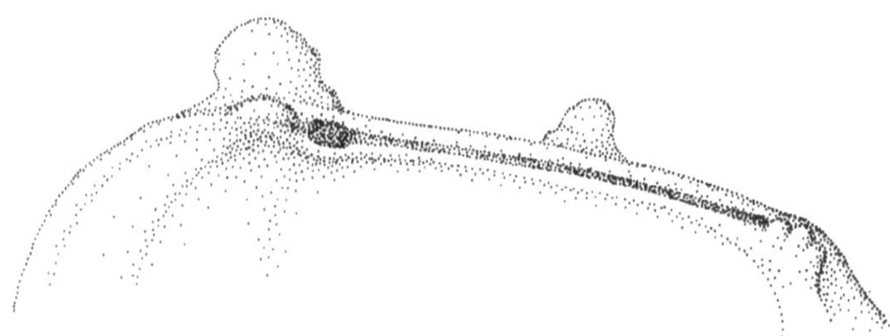

Abb. 160 *Exophthalmocythere fuhrbergensis*
RV von innen; Länge: 0,67 mm

Gattung	*Fastigatocythere* WIENHOLZ 1967
Typus-Art	*Fastigatocythere rugosa* WIENHOLZ 1967
Stratigraphische Reichweite	Dogger – Malm
Geographische Verbreitung	Europa, Afrika
Ökologie	marin, epineritischer Bereich
Form	ungefähr rechteckig in Seitenansicht; Vorderrand breit gerundet, Hinterrand zugespitzt.
Skulptur und Ornamentierung	Skulptur besteht aus einer ventralen Längsrippe und einer Frontalrippe. Daneben kleinere Quer- und Längsrippen.
Innenlamelle	mäßig breit; Innenrand und Verwachsungslinie zusammenfallend
Porenkanäle	vorn 7–9 gerade und einfach gebaute randständige Porenkanäle
Muskelabdrücke	zentrales Muskelfeld besteht aus 4 untereinander liegenden Narben; vor der oberen ein ?antennaler Abdruck, vor der unteren eine ?Mandibel-Narbe.
Schloß	entomodont
Sexualdimorphismus	♂♂ meist länger und höher als ♀♀
Beziehungen	von *Progonocythere* durch Skulptur und von *Lophocythere* durch das Fehlen eines Augenhöckers unterscheidbar.

Abgebildete Art	*Fastigatocythere interrupta interrupta* (TRIEBEL 1951)
Alter	Callovien (Hauptverbreitung: unteres Mittelcallovien)
Fundort	Bohrung Fuhrberg Ost

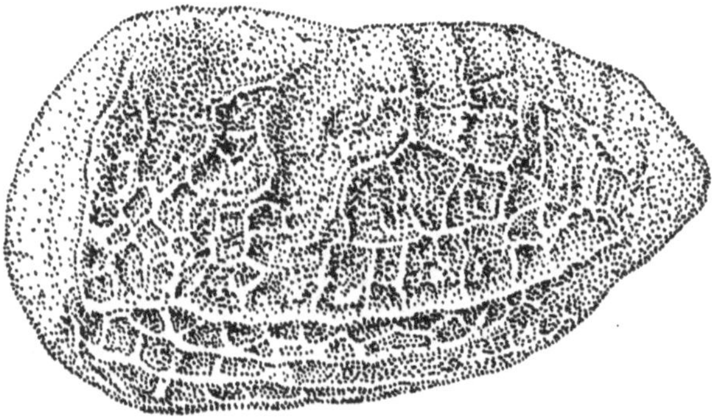

Abb. 161 LV eines Weibchens; Länge: 0,79 mm

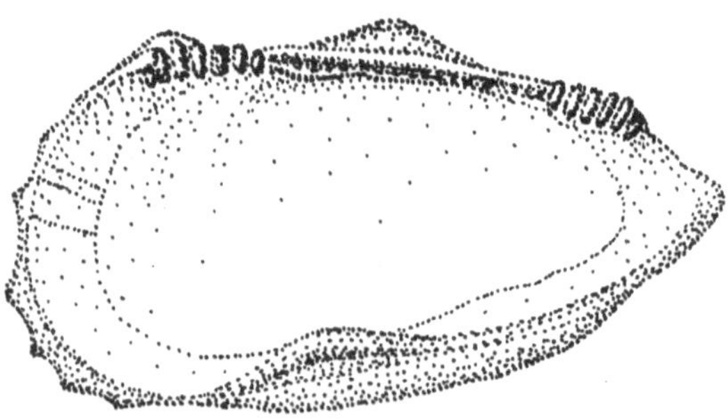

Abb. 162 RV von innen; Länge: 0,74 mm

Unterfamilie	**Microcytherinae** KLIE 1938
Gattung	*Microcythere* MÜLLER 1894
Typus-Art	*Microcythere inflexa* MÜLLER 1894
Stratigraphische Reichweite	Miozän – rezent
Geographische Verbreitung	weltweit
Ökologie	marin
Form	länglich-oval
Skulptur und Ornamentierung	dünne, meist glatte, ventral abgeflachte Schalen.
Innenlamelle	Vorn und hinten breit, mit großen Vestibula.
Porenkanäle	wenige, einfach gebaute, kurze randständige Porenkanäle.
Muskelabdrücke	siehe Abb. 163
Schloß	nach MÜLLER 1894 zwei terminale Schloßzähne, dazwischen ein unterschiedlich ausgebildetes Medianelement.
Sexualdimorphismus	unterschiedlich stark ausgeprägt.

Abgebildete Art	*Microcythere inflexa* MÜLLER 1894
Alter	rezent
Fundort	Golf von Neapel

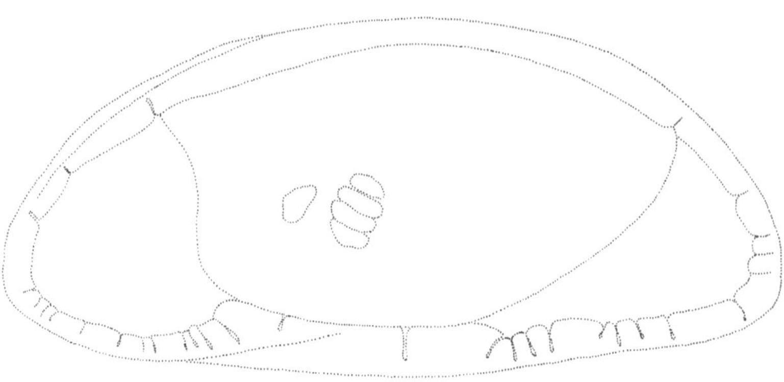

Abb. 163 RV eines Männchens von innen; Länge: 0,32 mm (umgezeichnet nach MÜLLER 1894)

Unterfamilie	**Cytherideinae** SARS 1925
Gattung	*Cytheridea* BOSQUET 1852
Untergattung	*Cytheridea* (*Cytheridea*) BOSQUET 1852
Typus-Art	*Cythere mülleri* v. MÜNSTER 1830
Stratigraphische Reichweite	oberes Eozän – rezent
Geographische Verbreitung	Europa, Asien
Ökologie	marin, im epineritischen Bereich. Auch im Brackwasser.
Form	in Seitenansicht dreieckig-oval bis trapezförmig. LV größer als RV.
Skulptur und Ornamentierung	Oberflächen mit Gruben besetzt, die in Reihen angeordnet sein können.
Innenlamelle	vorn mäßig breit mit einem kleinen Vestibulum
Porenkanäle	vorn bis zu 30 dünne, sich oft verzweigende randständige Porenkanäle, die in ihrer Mitte verbreitert sind.
Muskelabdrücke	siehe Abb. 166
Schloß	amphidont – archidont
Sexualdimorphismus	♂♂ etwas schlanker und länger als ♀♀.
Beziehungen	Der ventrale Umriß von *Cytheridea* zeigt eine Konkavität im hinteren Bereich, während bei *Cyprideis* diese Konkavität vorn liegt.
Abgebildete Art	*Cytheridea* (*Cytheridea*) *pernota* OERTLI & KEIJ 1955
Alter	Rupel, unterer Meeressand
Fundort	Waldböckelheim

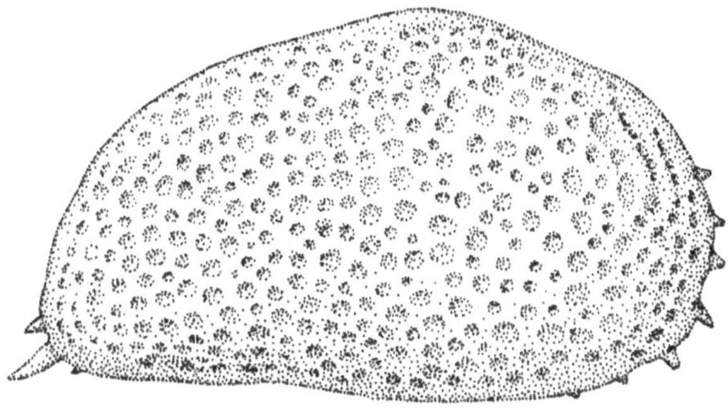

Abb. 164 *Cytheridea* (C.) *pernota*
RV eines Weibchens von außen; Länge: 0,77 mm

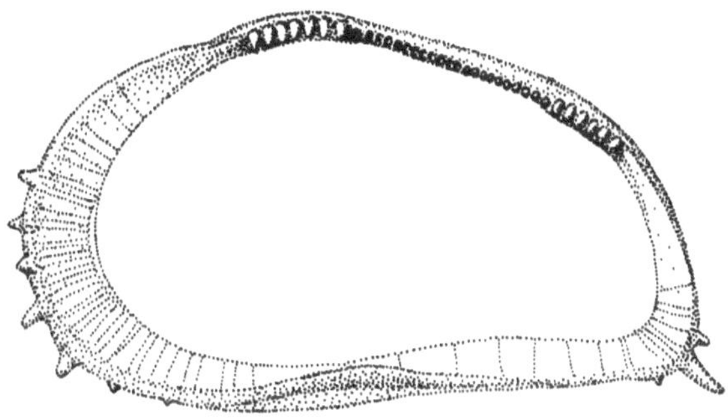

Abb. 165 RV eines Weibchens von innen; Länge: 0,77 mm

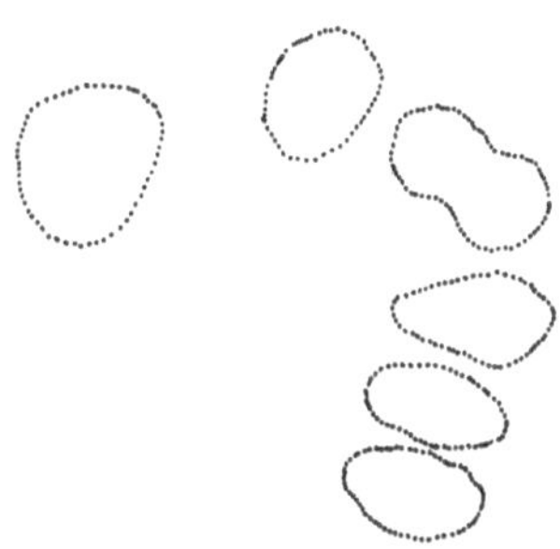

Abb. 166 Muskelfeld einer RV von innen

Untergattung	*Cytheridea (Haplocytheridea)* STEPHENSON 1936 keine Abbildung
Typus-Art	*Cytheridea montgomeryensis* HOWE & CHAMBERS 1935
Stratigraphische Reichweite	Senon – mittleres Oligozän
Geographische Verbreitung	N-Amerika, Europa (selten)
	Von *Cytheridea (Cytheridea)* durch das einheitliche mediane Schloßelement unterschieden.

Gattung	*Dolocytheridea* TRIEBEL 1938
Typus-Art	*Cytherina hilseana* ROEMER 1841
Stratigraphische Reichweite	Valendis – Alb
Geographische Verbreitung	Europa
Ökologie	brackisch bis marin
Form	Länglich-oval in Seitenansicht; LV größer als RV.
Skulptur und Ornamentierung	Die Oberflächen sind glatt oder zeigen kleine Grübchen.
Innenlamelle	Vorn breit. Innenrand und Verwachsungslinie fallen nicht bei allen Arten zusammen.
Porenkanäle	Vorn ± 20 einfache, gerade randständige Porenkanäle.
Muskelabdrücke	siehe Abb. 168
Schloß	entomodont – lophodont: die Zähnelung der Terminalzähne schwindet, vorn beginnend, im Laufe der Evolution.
Sexualdimorphismus	♂♂ sind länger und haben einen etwas anderen Umriß als ♀♀.
Abgebildete Art	*Dolocytheridea hilseana* (ROEMER 1841)
Alter	Hauterive, Bivirgatus-Zone
Fundort	Mittellandkanal bei Wenden

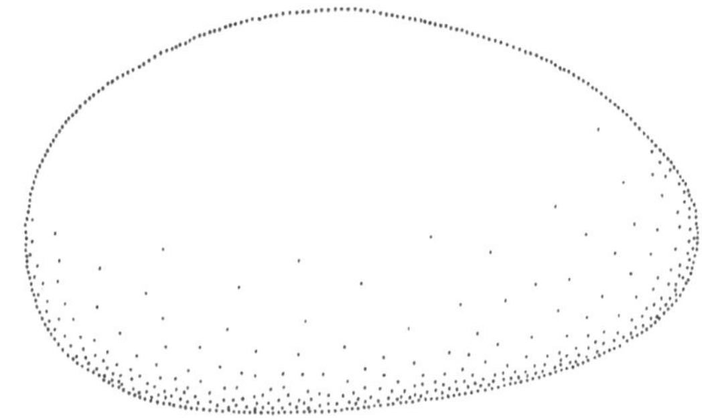

Abb. 167 *Dolocytheridea hilseana*
LV von außen; Länge: 0,85 mm

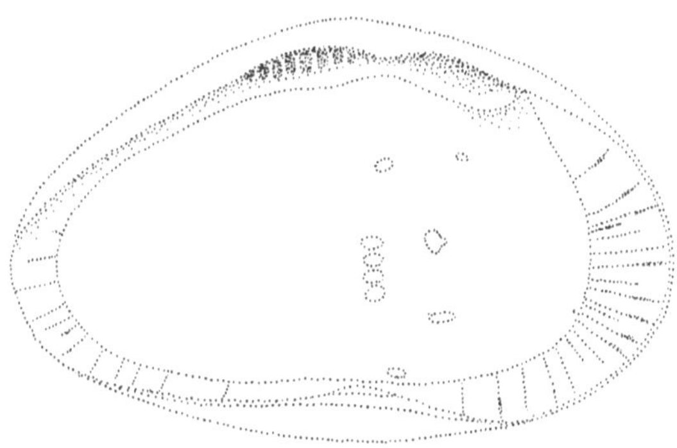

Abb. 168 LV eines Weibchens von innen; Länge: 0,87 mm
(umgezeichnet nach TRIEBEL 1938)

Gattung	*Cyprideis* JONES 1857
Typus-Art	*Candona torosa* JONES 1850
Stratigraphische Reichweite	Miozän – rezent
Geographische Verbreitung	weltweit
Ökologie	stark euryhalin; fast alle Arten dieser Gattung leben im brackischen Bereich.
Form	gedrungen-oval. Ventralrand fast gerade bis leicht konkav.
Skulptur und Ornamentierung	glatt oder mit feinen Grübchen verziert.
Innenlamelle	mäßig breit; Innenrand und Verwachsungslinie fallen zusammen.

Porenkanäle	randständige Porenkanäle sind zahlreich, teilweise sich verzweigend.
Muskelabdrücke	siehe Abb. 170
Schloß	amphidont – archidont
Sexualdimorphismus	♀♀ sind kürzer und hinten breiter gerundet als ♂♂
Beziehungen	Von *Neocyprideis* und anderen ähnlich aussehenden Gattungen durch Bau des Schlosses unterscheidbar.
Abgebildete Art	*Cyprideis torosa* (JONES 1850)
Alter	Pleistozän
Fundort	Griechenland, Insel Kos

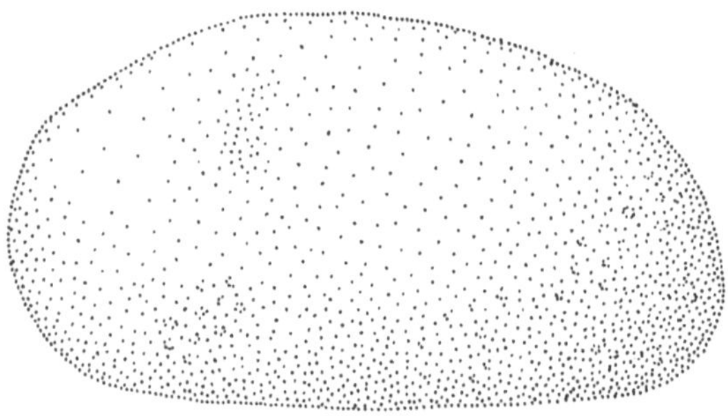

Abb. 169 LV eines Männchens von außen; Länge: 1,3 mm
Abb. 171 Vorderrand einer LV von innen

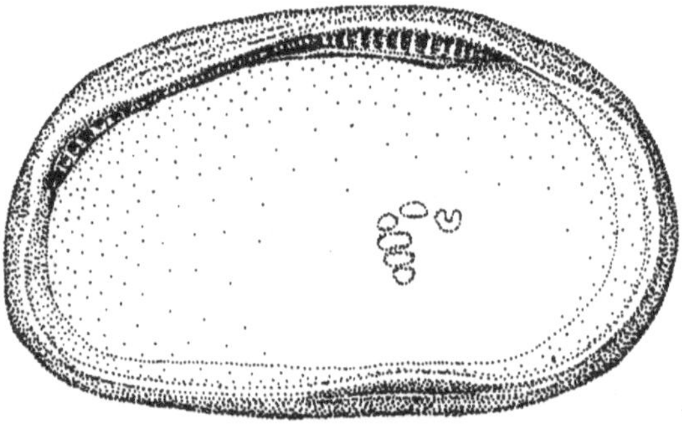

Abb. 170 LV eines Weibchens von innen; Länge: 1,1 mm

Gattung	*Neocyprideis* APOSTOLESCU 1956
Typus-Art	*Neocyprideis durocortoriensis* APOSTULESCU 1956
Stratigraphische Reichweite	Ober-Kreide – Miozän
Geographische Verbreitung	vermutlich weltweit
Ökologie	überwiegend in brackischem Milieu
Form	oval bis gerundet rechteckig; Länge ± 0,75 mm. LV größer als RV.
Skulptur und Ornamentierung	Glatt, mit Gruben oder mit phänotypischen Höckern. Die vordere Schalenhälfte trägt meist einen dorsoventral verlaufenden, schwachen Sulcus.
Innenlamelle	schmal bis mäßig breit. Innenrand und Verwachsungslinie fallen zusammen.
Porenkanäle	kurz und einfach, bis zu 20 vorn bei älteren Arten. Im Miozän steigt ihre Zahl auf über 35 an.
Muskelabdrücke	siehe Abb. 174
Schloß	merodont – entomodont
Sexualdimorphismus	♀♀ kürzer und dicker als ♂♂.
Beziehungen	von *Cyprideis* durch Schloß und Umriß unterscheidbar.
Abgebildete Art	*Neocyprideis durocortoriensis* APOSTULESCU 1956
Alter	unteres Maastricht
Fundort	Moró (Prov. Lérida) Spanien

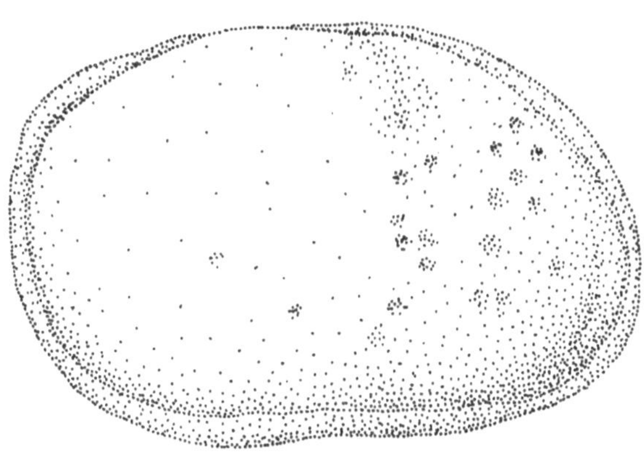

Abb. 172 Gehäuse von rechts; Länge: 0,79 mm

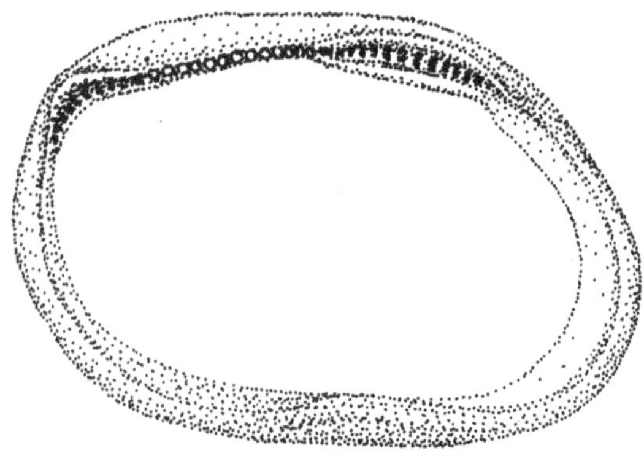

Abb. 173 *Neocyprideis durocortoriensis*
LV von innen; Länge: 0,75 mm

Abb. 174 *Neocyprideis* sp.
Oligozän (Türkei)
Zentrales Muskelfeld einer LV
grob punktiert: Mandibularabdrücke
(umgezeichnet nach VAN MORKHOVEN 1963)

Gattung	*Paracyprideis* KLIE 1929
Typus-Art	*Cytheridea fennica* HIRSCHMANN 1909
Stratigraphische Reichweite	Cenoman – rezent
Geographische Verbreitung	Europa, Asien, Amerika

Ökologie	Die meisten Arten bevorzugen ein brackisches Milieu; einige stammen vermutlich aus einem flachen, marinen Bereich.
Form	Länglich-dreieckig, Länge: 0,6–0,9 mm. LV größer als RV.
Skulptur und Ornamentierung	glatt oder mit Grübchen. Ein posteroventraler Stachel kann auftreten.
Innenlamelle	vorn breit, mit typischem, großen Vestibulum.
Porenkanäle	wenige und gerade randständige Porenkanäle. Mäßig viele, siebförmige normale Poren.
Muskelabdrücke	siehe Abb. Zwischen den meist zwei Frontalabdrücken und den 4 Adduktorennarben ist häufig ein Mandibelstützfleck ausgebildet.
Schloß	lophodont
Sexualdimorphismus	♂♂ länger und niedriger als ♀♀.
Beziehungen	Durch Bau der Innenlamelle und Schloß von anderen Arten unterscheidbar.
Abgebildete Art	*Paracyprideis rarefistulosa* (LIENENKLAUS 1905)
Alter	Mittleres Oligozän (Rupelton und Schleichsand)
Fundort	Bohrung Dortelweil (Hessen)

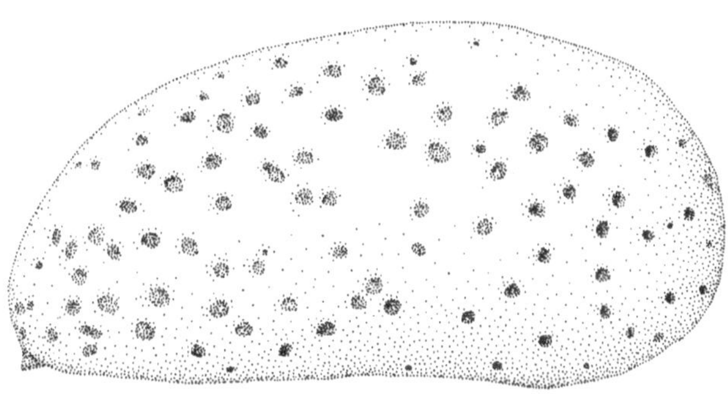

Abb. 175 RV eines Männchens von außen; Länge: 0,9 mm (umgezeichnet nach TRIEBEL 1941)

Abgebildete Art	*Paracyprideis rarefistulosa*
Fundort	Kleine-Spouwen/Belgien

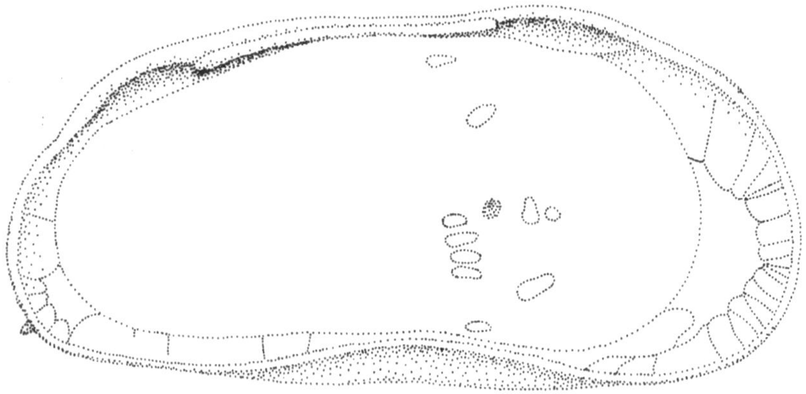

Abb. 176 LV eines Männchens von innen; Länge: 0,75 mm (umgezeichnet und verändert nach KEIJ 1957)

Gattung	*Cytherissa* SARS 1925
Typus-Art	*Cythere lacustris* SARS 1863
Stratigraphische Reichweite	Miozän – rezent
Geographische Verbreitung	Europa, Asien
Ökologie	überwiegend in tieferem (kaltem) Süßwasser. Einige Arten treten auch in brackischen Gewässern auf.
Form	In Seitenansicht trapezförmig. Gerader Rücken. Stark verkalkte Klappen.
Skulptur und Ornamentierung	Typisch sind phänotypische, hohle Höcker, die in Anlage und Intensität auch innerhalb einer Population wechseln. Auch auf beiden Klappen unterschiedliche Ausbildung. Retikuliert.
Innenlamelle	schmal. Innenrand und Verwachsungslinie fast zusammenfallend.
Porenkanäle	Randständige Porenkanäle einfach und gerade. Flächenständige Porenkanäle groß, vom Siebtyp. Meist in Gruppen zu 3–5 angeordnet.
Muskelabdrücke	siehe Abb. 178

Schloß	lophodont
Sexualdimorphismus	♂♂ länger, schmaler und weniger hoch als ♀♀
Beziehungen	Durch den einfachen Bau des Schlosses und der Randzone von anderen Gattungen unterscheidbar.

Abgebildete Art	*Cytherissa lacustris* (SARS 1863)
Alter	Pleistozän
Fundort	Bohrung Fürstenberg/Oder Paludinenbank 32,60–35,60 m

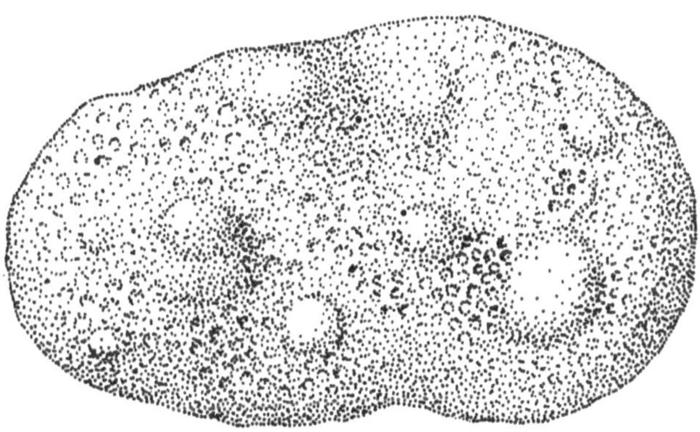

Abb. 177 RV von außen; Länge: 0,9 mm

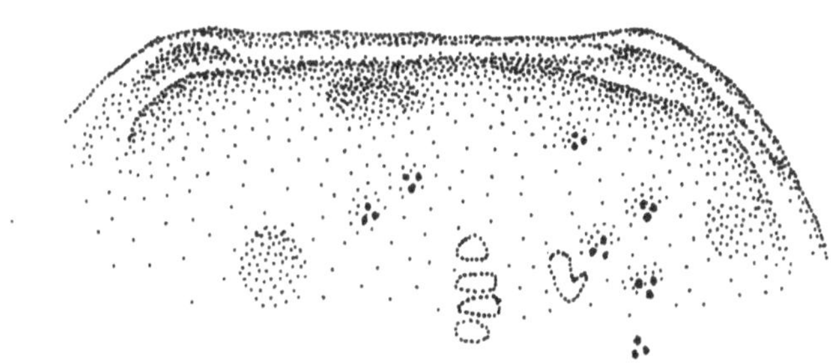

Abb. 178 LV von innen; Länge: 0,9 mm

Gattung	*Praeschuleridea* BATE 1963
Typus-Art	*Cytheridea subtrigona* JONES & SHERBORN 1888
Stratigraphische Reichweite	Lias – Malm
Geographische Verbreitung	Europa – N-Amerika
Ökologie	marin
Form	oval
Skulptur und Ornamentierung	Mit Querrippen verziert zwischen denen unterschiedlich große Gruben liegen. LV größer als RV.
Innenlamelle	mäßig breit; Innenrand und Verwachsungslinie fallen zusammen.
Porenkanäle	vorn 12 bis 16 randständige Porenkanäle fächerförmig angeordnet.
Schloß	siehe Abb. 180
Sexualdimorphismus	♂♂ länger und schlanker als ♀♀
Beziehungen	Von *Schuleridea* durch den einheitlich eiförmigen Umriß und die Zahl der randständigen Porenkanäle unterschieden (*Schuleridea* hat vorn ± 30).
Abgebildete Art	*Praeschuleridea ventricosa ventricosa* (PLUMHOFF 1963)
Alter	Aalenien
Fundort	Reuth

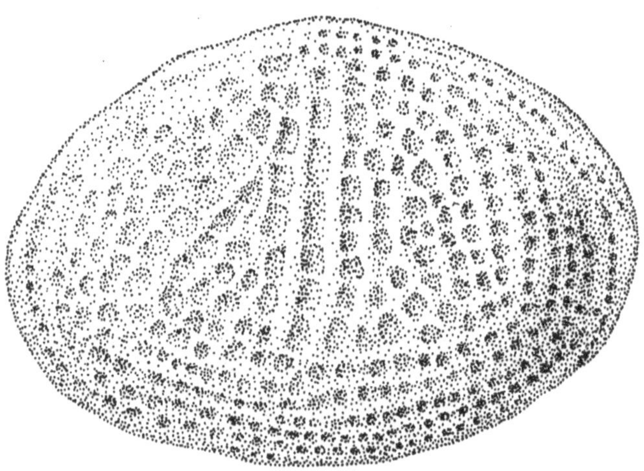

Abb. 179 LV eines Weibchens von außen; Länge: 0,75 mm

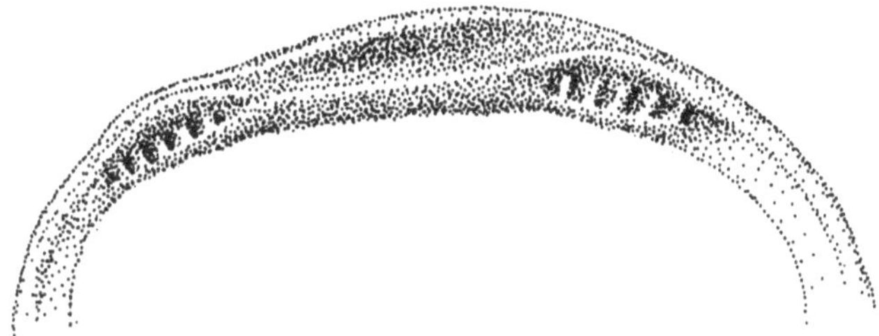

Abb. 180 *Praeschuleridea ventricosa ventricosa*
LV eines Weibchens von innen; Länge: 0,75 mm

Gattung	*Schuleridea* SWARTZ & SWAIN 1946
Typus-Art	*Schuleridea acuminata* SWARTZ & SWAIN 1946
Stratigraphische Reichweite	Jura – Oligozän
Geographische Verbreitung	weltweit
Ökologie	marin
Form	in Seitenansicht dreieckig-oval.
Skulptur und Ornamentierung	Schalen sind stark verkalkt; die Oberflächen zeigen feine Gruben oder sind glatt.
Innenlamelle	vorn breit, Innenrand und Verwachsungslinie fallen zusammen.
Porenkanäle	randständige Porenkanäle sind unterschiedlich häufig: Jurassische Arten haben vorn 25–30, kretazische bis zu 60, und im Tertiär treten über 80 randständige Porenkanäle auf. Sie sind leicht wellig und einfach gebaut.
Muskelabdrücke	siehe *Praeschuleridea*
Schloß	merodont – entomodont
Sexualdimorphismus	♀♀ meist kürzer und breiter als ♂♂
Beziehungen	siehe Porenkanäle
Bemerkungen	nach Unterschieden im Schloß (Medianelement) und in der Zahl der randständigen Porenkanäle zwei Untergattungen: *Schuleridea* (*Schuleridea*) mit glatter Rinne im Mittelschloß, sowie

± 50 randständigen Porenkanälen und *Schuleridea* (*Aequacytheridea*) mit gezähneltem Medianelement sowie ± 80 randständigen Porenkanälen.

Abgebildete Art — *Schuleridea* (*Aequacytheridea*) sp.
Alter — Hauterive
Fundort — Wenden (Braunschweig)

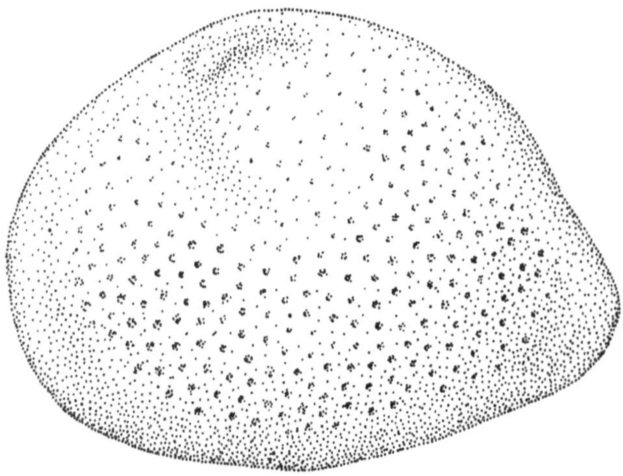

Abb. 181 *Schuleridea* (*A.*) *sp.*
LV von außen; Länge: 0,73 mm

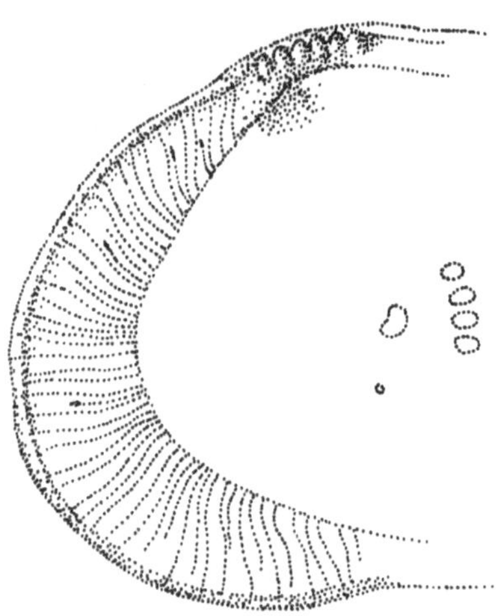

Abb. 182 Randzone einer RV von innen

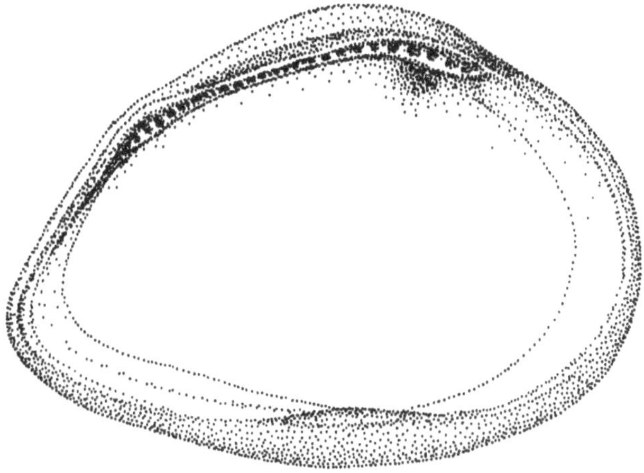

Abb. 183 *Schuleridea (A.) sp.*
LV von innen; Länge: 0,71 mm

Gattung	*Apatocythere* TRIEBEL 1940
Typus-Art	*Apatocythere simulans* TRIEBEL 1940
Stratigraphische Reichweite	Unterkreide
Geographische Verbreitung	? weltweit
Ökologie	marin
Form	eiförmig in Seitenansicht; große Variabilität; LV größer als RV.
Skulptur und Ornamentierung	Oberflächen sind glatt oder mit feinen Grübchen besetzt. Randzähne können auftreten.
Innenlamelle	vorn breit, Innenrand und Verwachsungslinie fallen zusammen.
Porenkanäle	Randständige Porenkanäle sind gebogen, sehr zahlreich vorn und hinten und verzweigen sich nicht.
Muskelabdrücke	siehe Abb. 185
Schloß	lophodont
Beziehungen	Durch den Schloßbau von *Dordoniella* APOSTULESCU 1955 und einigen Arten von *Schuleridea* unterscheidbar.

Abgebildete Art	*Apatocythere ellipsoidea* TRIEBEL 1940
Alter	Hauterive
Fundort	Harliberg

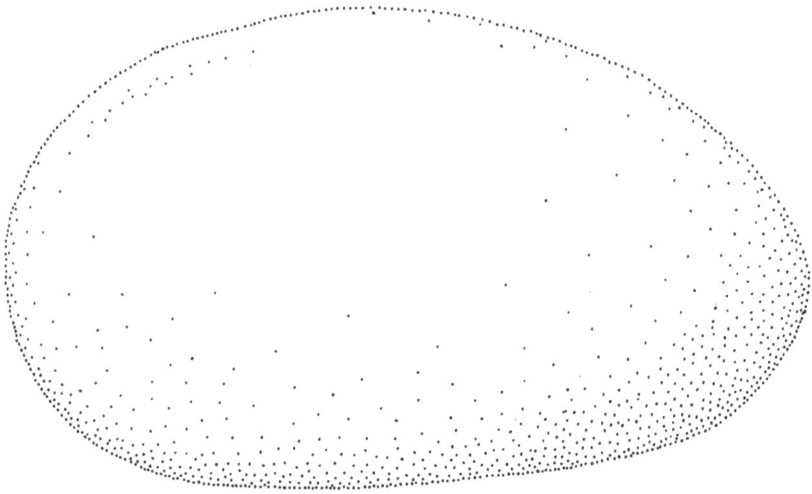

Abb. 184 LV eines Weibchens von außen; Länge: 0,77 mm

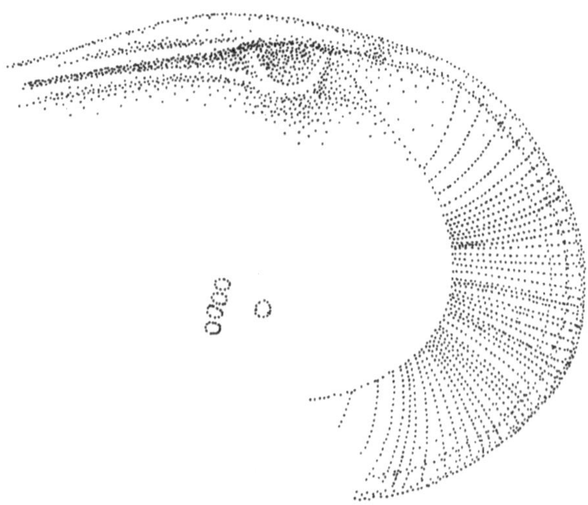

Abb. 185 Vorderer Schalenteil einer LV von innen; Höhe: 0,39 mm

Gattung	*Procytheridea* PETERSON 1954
Typus-Art	*Procytheridea exempla* P. 1954
Stratigraphische Reichweite	Lias – Dogger
Geographische Verbreitung	? weltweit
Ökologie	marin
Form	dreieckig-oval; LV größer als RV
Skulptur und Ornamentierung	Unterschiedlich starke Ausbildung einer Retikulierung von Längs- bzw. Querrippen.
Innenlamelle	breit; mit einem kleinen Vestibulum
Porenkanäle	unbekannt
Muskelabdrücke	Nach PETERSON (1954) weist die Typus-Art 4 untereinanderliegende Narben und 2–3 Frontalabdrücke auf.
Schloß	merodont – entomodont
Sexualdimorphismus	Die dicken, kurzen Klappen sind vermutlich Weibchen, die länglichen Männchen. PETERSON (1954) glaubt, daß das Umgekehrte der Fall sei.
Abgebildete Art	*Procytheridea sermoisensis* APOSTULESCU 1959
Alter	Toarcien
Fundort	Teufelsgraben, Blatt Lauf

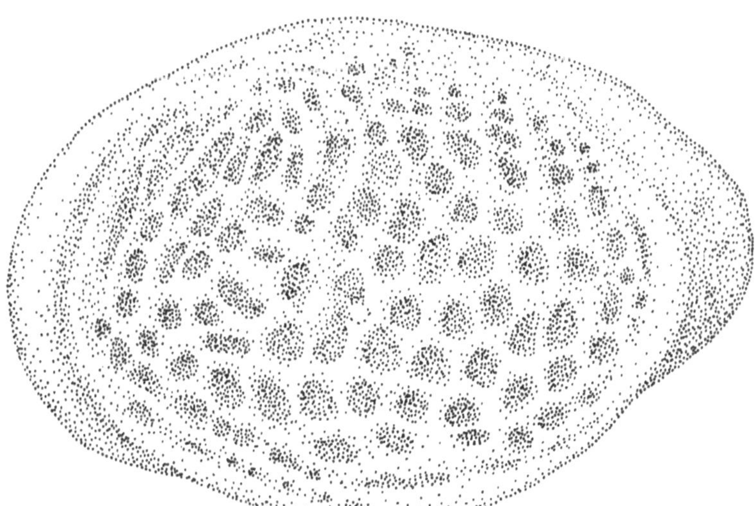

Abb. 186 LV eines ?Weibchens von außen; Länge: 0,69 mm

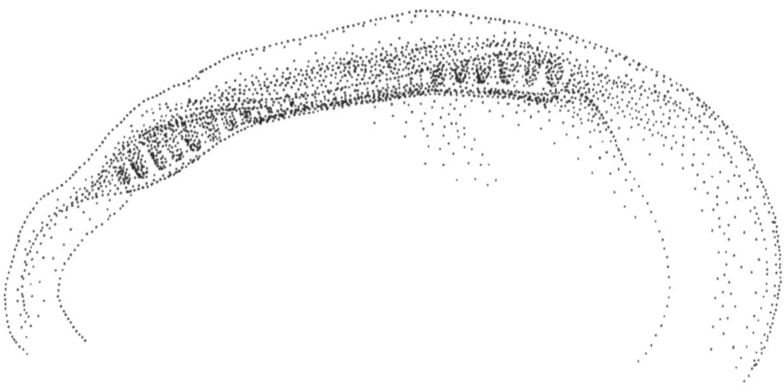

Abb. 187 *Procytheridea sermoisensis*
LV eines ?Weibchens von innen; Länge: 0,69 mm

Gattung	*Cuneocythere* LIENENKLAUS 1894
Untergattung	*Cuneocythere* (*Monsmirabilia*) APOSTULESCU 1955
Typus-Art	*Monsmirabilia subovata* APOSTULESCU 1955
Stratigraphische Reichweite	Paläozän – Oligozän
Geographische Verbreitung	Europa
Ökologie	marin
Form	eiförmig-oval. LV viel größer als RV.
Skulptur und Ornamentierung	Oberflächen sind glatt oder mit feinen Grübchen besetzt. Größere Gruben sind selten.
Innenlamelle	vorn breit; Innenrand und Verwachsungslinie wohl meist zusammenfallend.
Porenkanäle	Randständige Porenkanäle sind vorn und hinten zahlreich, gebogen und einfach gebaut.
Muskelabdrücke	siehe Abb. 190
Schloß	ähnlich dem lophodonten Schloßtyp.
Sexualdimorphismus	♂♂ niedriger und schmaler als ♀♀.
Beziehungen	*Cuneocythere* (*Cuneocythere*) hat keine Kontaktfurche. Von anderen Genera durch Bau der Innenlamelle und des Schlosses unterscheidbar.

Abgebildete Art	*Cuneocythere (Monsmirabilia) oblonga* APOSTULESCU 1955
Alter	Lutet IV
Fundort	Grignon

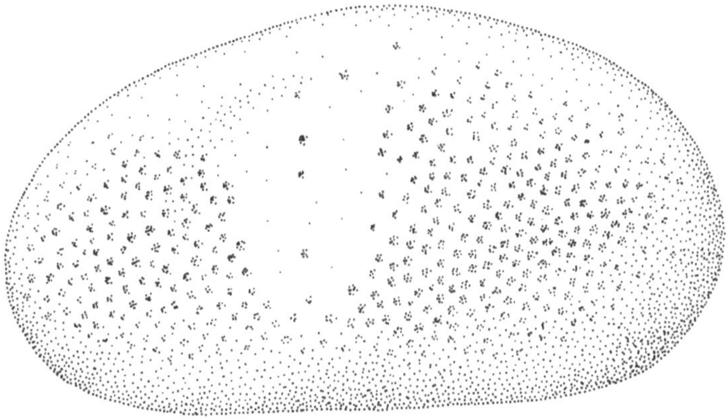

Abb. 188 LV von außen; Länge: 0,81 mm

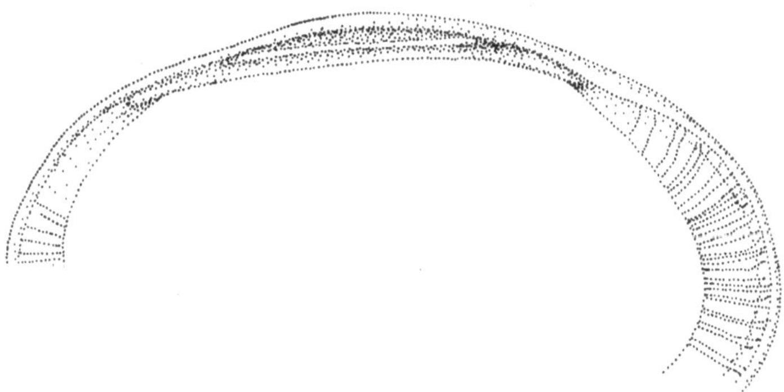

Abb. 189 LV von innen

Abb. 190 Muskelfeld einer LV von innen (umgezeichnet nach KEIJ 1957)

Untergattung	*Cuneocythere* (*Cuneocythere*) LIENENKLAUS 1894
Typus-Art	*Cuneocythere truncata* LIENENKLAUS 1894
Stratigraphische Reichweite	Eozän – rezent
Geographische Verbreitung	Europa
Ökologie	marin
Form	länglich-oval
Skulptur und Ornamentierung	Die Schalenoberflächen zeigen ein Muster aus Gruben. Vorn bis zu zwei randliche Rippen.
Innenlamelle	vorn breit, Innenrand und Verwachsungslinie zusammenfallend.
Porenkanäle	sind leicht gebogen und einfach gebaut.
Muskelabdrücke	4 Adduktorennarben und ein V-förmiger Frontalabdruck.
Schloß	lophodont
Sexualdimorphismus	♂♂ niedriger und schmaler als ♀♀
Beziehungen	s. *Cuneocythere* (*Monsmirabilia*).
Abgebildete Art	*Cuneocythere* (*Cuneocythere*) *lienenklausi* KEIJ 1957
Alter	Rupel
Fundort	Kleine-Spouwen, Belgien

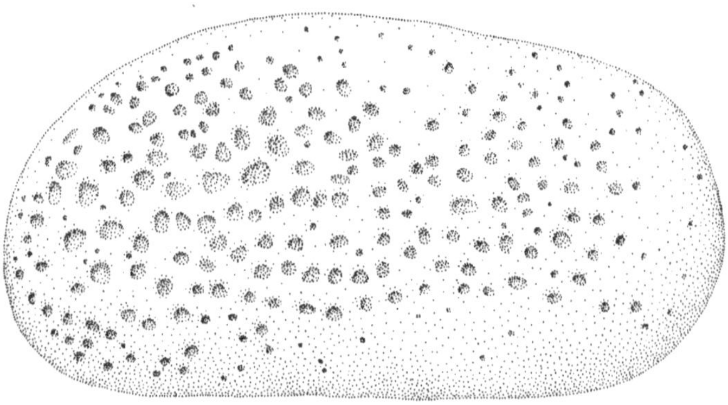

Abb. 191 RV eines Weibchens von außen; Länge: 0,62 mm

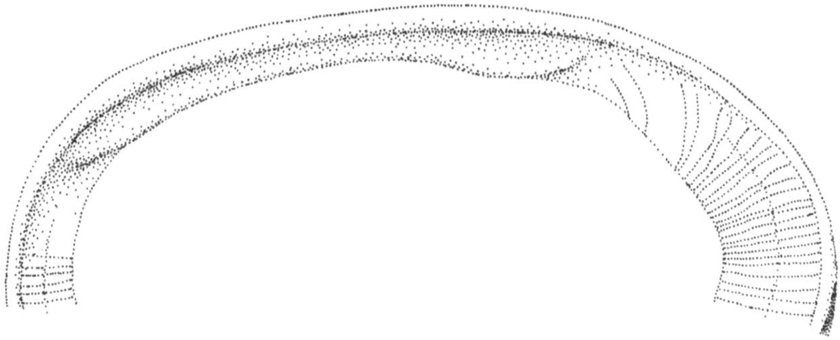

Abb. 192 *Cuneocythere* (*C.*) *lienenklausi*
LV eines Weibchens von innen; Länge: 0,62 mm

Abb. 193 Zentrales Muskelfeld einer LV von innen
(alle 3 Abbildungen umgezeichnet nach KEIJ 1957)

Gattung	*Pontocythere* DUBOWSKY 1939
Typus-Art	*Pontocythere tchernjawskii* DUBOWSKY 1939
Stratigraphische Reichweite	Eozän – rezent
Geographische Verbreitung	weltweit
Ökologie	marin, im epineritischen, aber auch im lagunären Bereich. Bevorzugt sandigen Boden.
Form	länglich-oval. Ventralrand vorn leicht konkav.
Skulptur und Ornamentierung	glatt, selten mit unterschiedlich großem Vestibulum

Porenkanäle	randständige Porenkanäle sind vorn zahlreich, einfach, häufig in Gruppen.
Muskelabdrücke	siehe Abb. 195
Schloß	merodont – entomodont
Sexualdimorphismus	♂♂ sind länger und höher als ♀♀

Abgebildete Art	*Pontocythere elongata* (BRADY 1868)
Alter	rezent
Fundort	Tyrrhenis, Punta Ala

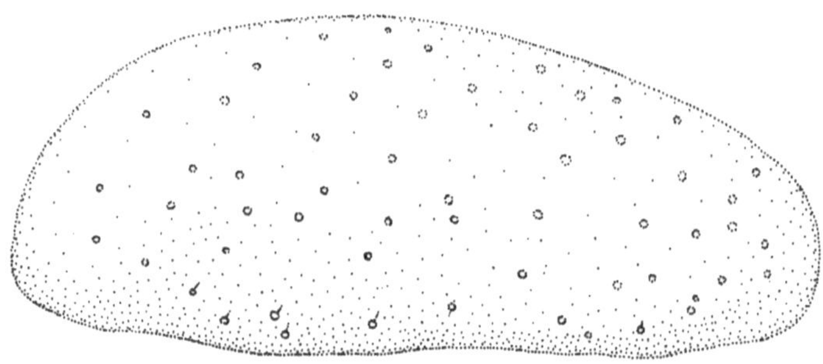

Abb. 194 RV von außen; Länge: 0,98 mm

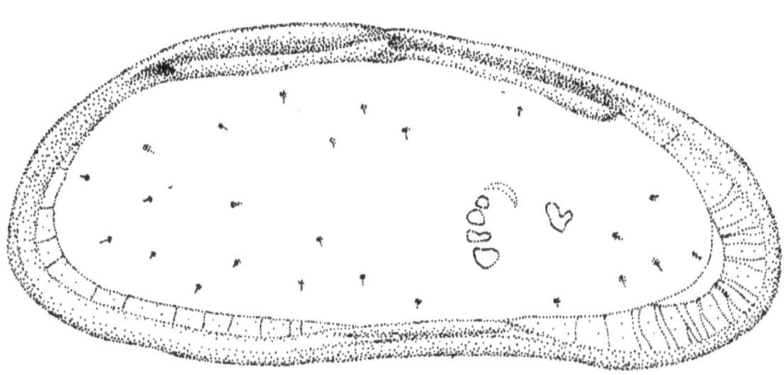

Abb. 195 LV von innen; Länge: 1,0 mm

Gattung	*Neocytherideis* PURI 1952
Typus-Art	*Cytherideis subulata* BRADY 1867
Stratigraphische Reichweite	Oligozän – rezent
Geographische Verbreitung	weltweit
Ökologie	marin, epineritisch
Form	länglich, röhrenförmig-oval
Skulptur und Ornamentierung	Oberflächen glatt oder mit Grübchen; manchmal sind schwache Furchen parallel zum Vorderrand zu erkennen.
Innenlamelle	vorn und hinten breit mit großem Vestibulum.
Porenkanäle	vorn bis zu 10 kurze, gerade, einfach gebaute randständige Porenkanäle
Muskelabdrücke	siehe Abb. 197
Schloß	lophodont
Sexualdimorphismus	♂♂ länglicher als ♀♀
Beziehungen	*Sahnia* unterscheidet sich in Umriß und Innenlamelle, *Pontocythere* im Schloßbau von *Neocytherideis*.

Abgebildete Art	*Neocytherideis* cf. *foveolata* (MÜLLER 1870)
Alter	rezent
Fundort	Mittelmeer, Marseille

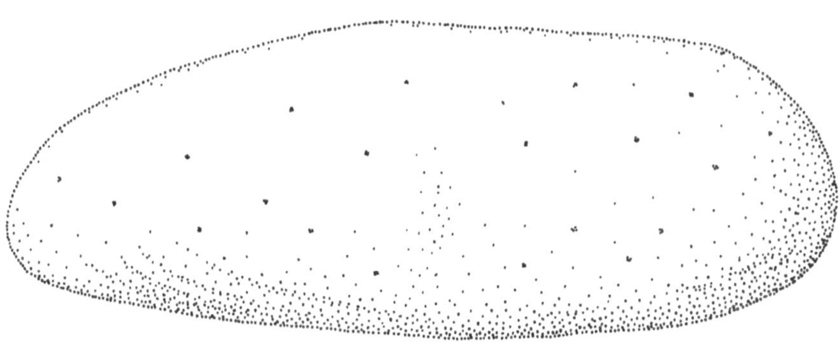

Abb. 196 LV von außen; Länge: 0,8 mm

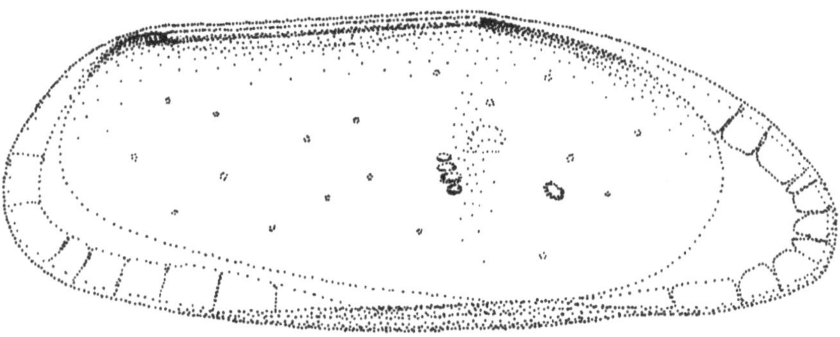

Abb. 197 *Neocytherideis* cf. *foveolata*
LV von innen; Länge: 0,8 mm

Gattung	*Sahnia* PURI 1952
Typus-Art	*Sahnia subulata* (BRADY 1868)
Stratigraphische Reichweite	Eozän – rezent
Geographische Verbreitung	Europa
Ökologie	marin, epineritisch, meist auf sandigem Untergrund.
Form	in Seitenansicht keulenförmig.
Skulptur und Ornamentierung	LV größer als RV, Größe: 0,5–0,6 mm. Die Klappen sind dünn und fast glatt. Ein schwacher Sulcus liegt kurz vor der Mitte.
Innenlamelle	sehr breit. Innenrand und Innenlamelle fallen – bis auf ein kurzes Stück vorn – zusammen.
Porenkanäle	Randständige Porenkanäle sind zahlreich, unverzweigt, leicht gebogen, verbreitert im distalen Drittel. Flächenständige Porenkanäle (ungefähr 30–35 pro Klappe) sind vom siebförmigen Typ.
Muskelabdrücke	siehe Abb.
Schloß	merodont – lophodont
Beziehungen	Von *Neocytherideis* durch Umriß (hinten) und Innenlamelle; von *Pontocythere* durch Innenlamelle unterschieden.

Abgebildete Art	*Sahnia subulata* (BRADY 1868)
Alter	rezent
Fundort	Großbritannien

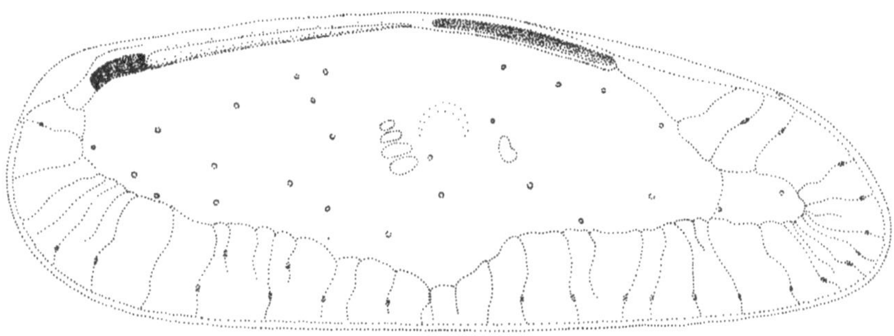

Abb. 198 LV von innen; Länge: 0,63 mm
(umgezeichnet nach VAN MORKHOVEN 1963)

Gattung	***Eucythere*** **BRADY 1868**
Typus-Art	*Cythere declivis* NORMAN 1865
Stratigraphische Reichweite	Valendis – rezent
Geographische Verbreitung	weltweit
Ökologie	marin, in unterschiedlicher Wassertiefe.
Form	ungefähr dreieckig; in Seitenansicht LV größer als RV. Die Größe schwankt zwischen 0,4 und 0,8 mm Länge.
Skulptur und Ornamentierung	meist glatt, aber auch mit schwachem Grubenmuster oder dünnen Leisten (ventral).
Innenlamelle	vorn breit, mit großem Vestibulum, sonst schmal.
Porenkanäle	wenig randständige Porenkanäle. Sie sind gerade und einfach gebaut.
Muskelabdrücke	siehe Abb. Die Frontalnarbe kann geteilt sein. Ihr Mandibel-Stützfleck ist meist gut ausgebildet.
Schloß	merodont – entomodont
Sexualdimorphismus	♂♂ sind länger und schlanker als ♀♀.

Abgebildete Art	*Eucythere declivis* (NORMAN 1865)
Alter	Holozän
Fundort	Holland

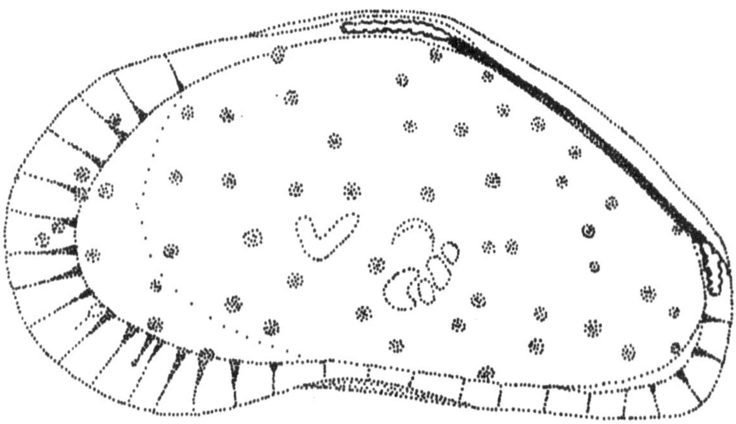

Abb. 199 RV eines ?Weibchens von innen; Länge: 0,65 mm

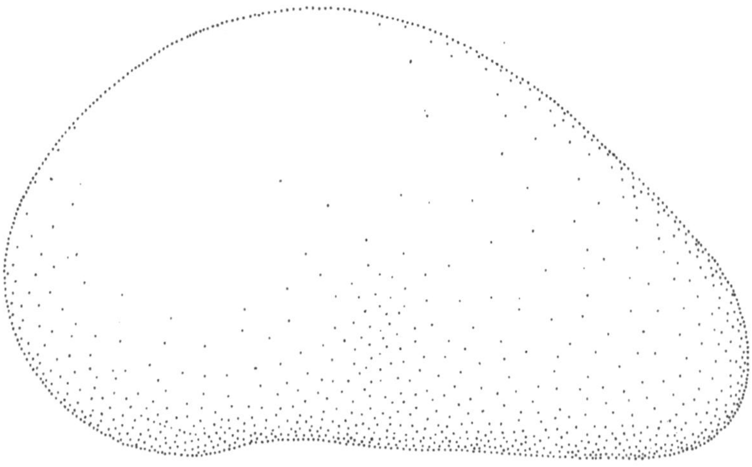

Abb. 200 LV eines ?Weibchens von außen; Länge: 0,66 mm

Gattung	*Krithe,* BRADY, CROSSKEY & ROBERTSON 1874
Typus-Art	*Ilyobates praetexta* SARS 1866
Stratigraphische Reichweite	Cenoman – rezent
Geographische Verbreitung	weltweit
Ökologie	marin: infraneritisch bis bathyal
Form	in Seitenansicht länglich-oval
Skulptur und Ornamentierung	die Klappen sind dünnschalig und glatt oder mit feinen Streifen verziert. Über der posteroventralen Ecke meist eine längliche Grube.
Innenlamelle	vorn und ventral breit, hinten schmaler. Vorn ein großes Vestibulum.
Porenkanäle	randständige Porenkanäle sind nicht sehr häufig, gerade, und verzweigen sich manchmal.
Muskelabdrücke	siehe Abb. 202
Schloß	einfaches Falzschloß; LV mit Furche
Sexualdimorphismus	♂♂ niedriger und schmaler als ♀♀.
Beziehungen	Durch die charakteristische „Einstülpung" über der postero-ventralen Ecke von anderen Gattungen unterscheidbar.
Abgebildete Art	*Krithe rutoti* KEIJ 1957
Alter	Lutet IV
Fundort	Grignon, Pariser Becken

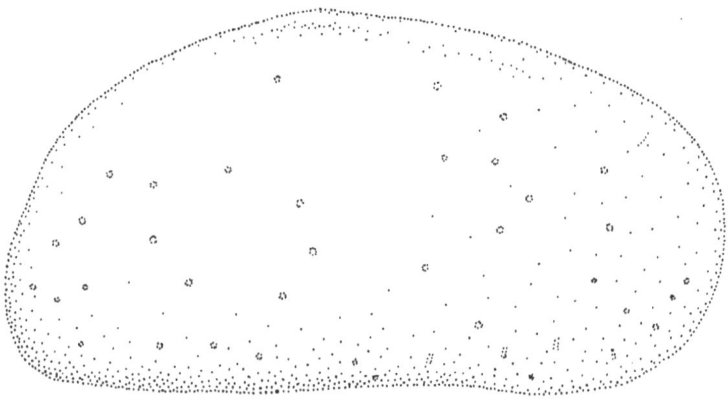

Abb. 201 *Krithe rutoti*
RV eines Männchens von außen; Länge: 0,64 mm

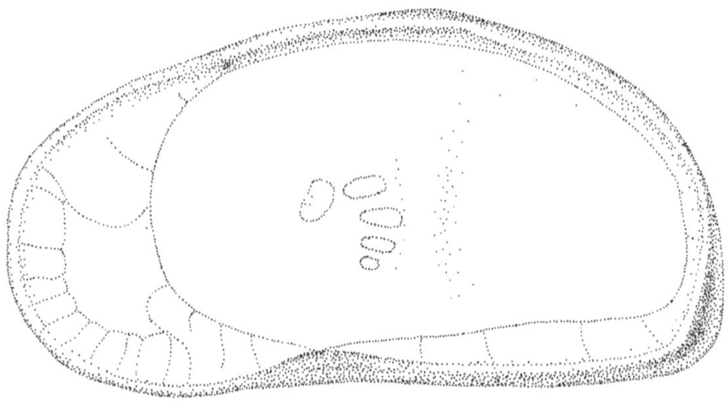

Abb. 202 RV eines Männchens von innen; Länge: 0,64 mm

Unterfamilie	**Cytherurinae** MÜLLER 1894
Gattung	*Cytherura* SARS 1866
Typus-Art	*Cythere gibba* O. F. MÜLLER 1785
Stratigraphische Reichweite	Eozän – rezent
Geographische Verbreitung	weltweit
Ökologie	marin bis mesohalin. Neben Flachwasserbewohnern gibt es Arten, die zwischen 200–400 m Wassertiefe vorkommen.
Form	länglich, bohnenförmig, meist mit schwachem Kaudalfortsatz. Länge: 0,4–0,6 mm. LV größer als RV.
Skulptur und Ornamentierung	glatt bis punktiert oder mit Rippenmuster.
Innenlamelle	schmal. Innenrand und Verwachsungslinie fallen zusammen.
Porenkanäle	vorn ± 10 randständige Porenkanäle, unverzweigt und wellig.
Muskelabdrücke	siehe Abb. 204
Schloß	merodont – entomodont
Sexualdimorphismus	♂♂ länglicher als ♀♀ und ohne deren seitliche Höcker.
Abgebildete Art	*Cytherura dispar* MÜLLER 1894
Alter	rezent
Fundort	Ägäis

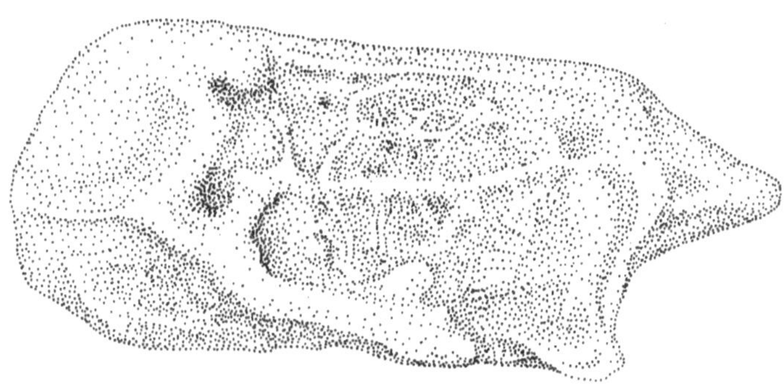

Abb. 203 LV von außen; Länge: 0,43 mm

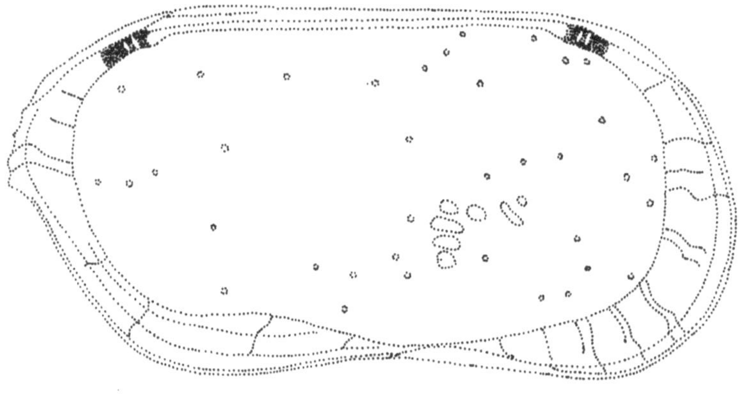

Abb. 204 *Cytherura gibba* (O. F. MÜLLER 1785)
LV von innen; Länge: 0,59 mm
(umgezeichnet und leicht verändert nach WAGNER 1957)

Gattung	*Semicytherura* WAGNER 1957
Typus-Art	*Cythere nigrescens* BAIRD 1838
Stratigraphische Reichweite	Paleozän – rezent
Geographische Verbreitung	weltweit
Ökologie	marin, vorwiegend im litoralen Bereich; viele Arten weisen eine große Toleranz gegenüber Salinitäts- und Temperaturschwankungen auf.
Form	in Seitenansicht oval bis rechteckig mit einem Kaudalfortsatz. Größe: um 0,5 mm Länge. LV etwas größer als RV.
Skulptur und Ornamentierung	Rippenmuster (meist Längsrippen); sonst glatt oder retikuliert.
Innenlamelle	vorn breit; Innenrand und Verwachsungslinie fallen zusammen.
Porenkanäle	mäßig viele randständige Porenkanäle, die gebogen sind und sich selten verzweigen.
Muskelabdrücke	siehe Abb. 206
Schloß	merodont – entomodont
Sexualdimorphismus	♂♂ hinten weiter als ♀♀ (nach VAN MORKHOVEN 1963).

Abgebildete Art	*Semicytherura* sp.
Alter	rezent
Fundort	Wilhelmshaven, Leitdamm

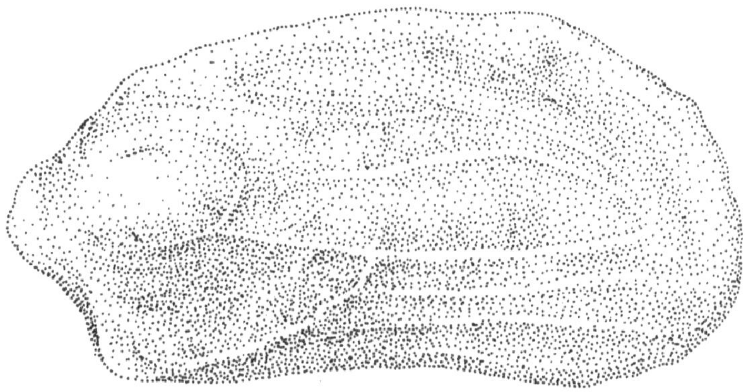

Abb. 205 RV von außen; Länge: 0,45 mm

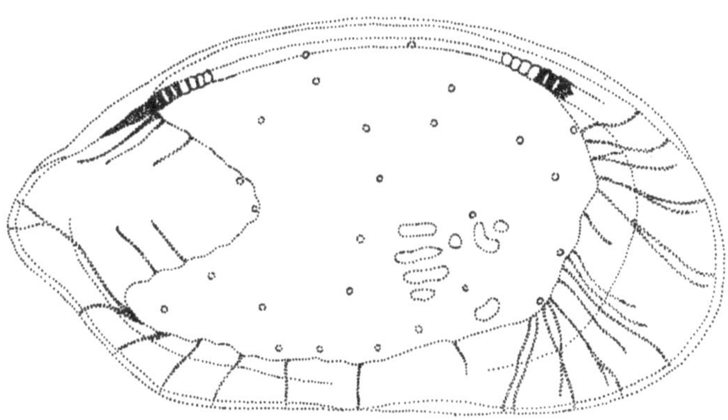

Abb. 206 *Semicytherura nigrescens* (BAIRD 1838);
LV eines Weibchens von innen; Länge: 0,41 mm
(umgezeichnet nach WAGNER 1957)

Gattung	*Hemicytherura* ELOFSON 1941
Untergattung	*Hemicytherura* (*Hemicytherura*) ELOFSON 1941
Typus-Art	*Cythere cellulosa* NORMAN 1865
Stratigraphische Reichweite	Senon – rezent
Geographische Verbreitung	weltweit
Ökologie	epineritisch
Form	rechteckig bis dreieckig mit einem kurz unter der Mitte liegenden Kaudalfortsatz; deutliche Ventralrippe; Augenhöcker vorhanden.
Skulptur und Ornamentierung	Ornamentierung besteht aus einem undeutlichen Rippenmuster und Netz- oder Grubenmuster.
Innenlamelle	vorn breit, meist mit einem kleinen Vestibulum
Porenkanäle	Randständige Porenkanäle sind zahlreich, in Gruppen angeordnet, einfach und leicht wellig.
Muskelabdrücke	siehe Abb. 208
Schloß	merodont – entomodont
Beziehungen	Von der anderen Untergattung (ohne Abb.) *Hemicytherura* (*Kangarina*) CORYELL & FIELDS 1937 durch Umriß, Ornamentierung, randständige Porenkanäle und vorhandene Augenhöcker unterscheidbar.

Abgebildete Art	*Hemicytherura* (H.) *clathrata* (SARS 1866)
Alter	rezent
Fundort	E-Küste Schottlands

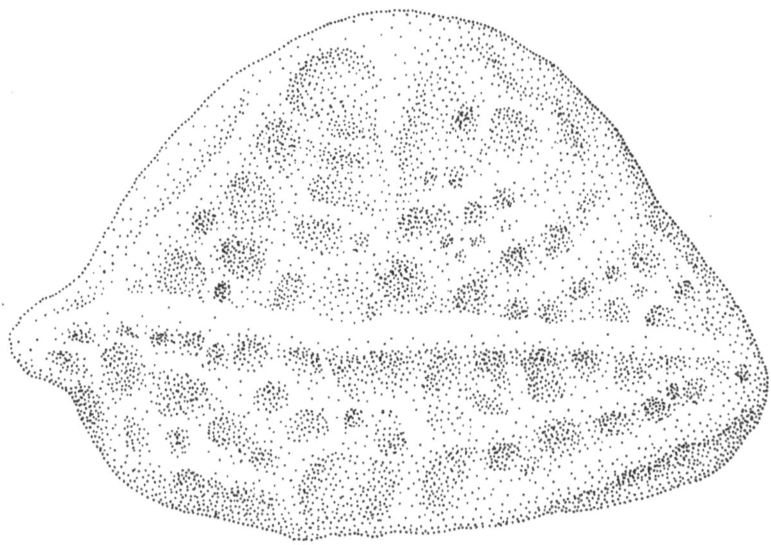

Abb. 207 *Hemicytherura* (H.) *clathrata*
RV von außen; Länge: 0,55 mm

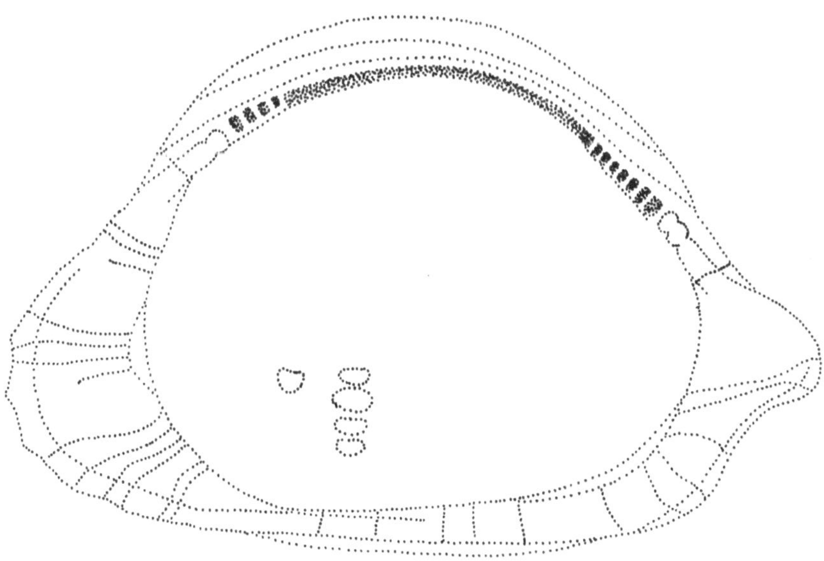

Abb. 208 RV von innen; Länge: 0,56 mm
(umgezeichnet nach WAGNER 1957)

Gattung	*Orthonotacythere* ALEXANDER 1933
Typus-Art	?*Cytheridea hannai* ISRAELSKI 1929
Stratigraphische Reichweite	Lias – Paleozän
Geographische Verbreitung	weltweit
Ökologie	marin
Form	grob quadratischer Umriß; dorsal mit unterschiedlich starkem Kaudalfortsatz.
Skulptur und Ornamentierung	meist ein grobes Muster aus parallel zum Umriß verlaufenden Rippen. Dazwischen glatt, retikuliert oder mit Höckern verziert. Ein großer Augenknoten.
Innenlamelle	mäßig breit; Innenrand und Verwachsungslinie fallen zusammen.
Porenkanäle	vorn bis zu 10 einfache, leicht gebogene randständige Porenkanäle.
Muskelabdrücke	siehe Abb. 210
Schloß	merodont – entomodont
Sexualdimorphismus	♂♂ etwas länger und schlanker als ♀♀
Beziehungen	Schloß und Umriß erlauben eine klare Trennung von ähnlichen Gattungen wie *Eucytherura* und *Amphicytherura*. *Hutsonia* SWAIN 1946 und *Looneyella* PECK 1951 haben ein glattes Mittelschloß und keine Augenknoten.

Abgebildete Art	*Orthonotacythere diglypta* TRIEBEL 1941
Alter	Hauterive (Noricus-Zone)
Fundort	Wenden (Braunschweig)

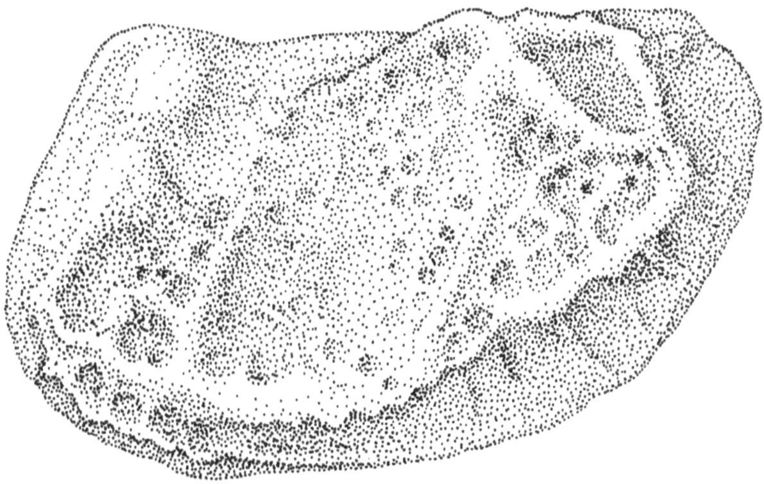

Abb. 209 *Orthonotacythere diglypta*
LV eines Weibchens von außen; Länge: 0,49 mm

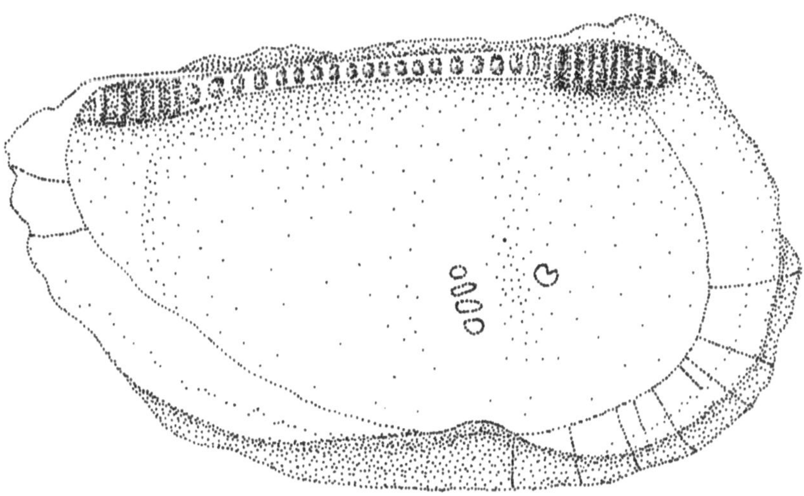

Abb. 210 LV eines Männchens von innen; Länge: 0,53 mm

Gattung	*Paijenborchella* KINGMA 1948
Typus-Art	*Paijenborchella iocosa* KINGMA 1948
Stratigraphische Reichweite	Senon – rezent
Geographische Verbreitung	weltweit
Ökologie	marin, vermutlich in unterschiedlichen Wassertiefen.
Form	in Seitenansicht birnenförmig-oval mit einem kräftigen Kaudalfortsatz.
Skulptur und Ornamentierung	medianer Sulcus und eine mediane Längsrippe. Eine weitere Rippe im ventro-lateralen Bereich. Dazwischen glatte bis retikulierte Felder.
Innenlamelle	mäßig breit; Verwachsungslinie und Innenrand fallen zusammen.
Porenkanäle	vorn bis zu 10 einfach gebaute, gerade randständige Porenkanäle.
Muskelabdrücke	unbekannt
Schloß	amphidont – schizodont
Sexualdimorphismus	♂♂ länglicher und niedriger als ♀♀
Beziehungen	durch den charakteristischen Umriß von anderen Gattungen abtrennbar.
Abgebildete Art	*Paijenborchella eocaenica* TRIEBEL 1949
Alter	Obereozän
Fundort	Bastorf, Mecklenburg

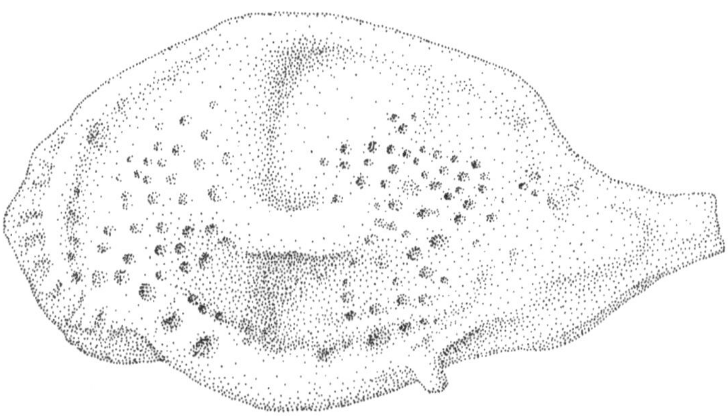

Abb. 211 Gehäuse eines Weibchens von links (umgezeichnet nach TRIEBEL 1949)

Gattung	*Cytheropteron* SARS 1866
Typus-Art	*Cythere latissima* NORMAN 1865
Stratigraphische Reichweite	Lias – rezent
Geographische Verbreitung	weltweit
Ökologie	marin, in unterschiedlichen Wassertiefen.
Form	rhombisch bis oval, mit Kaudalfortsatz; Größe: klein bis mittelgroß. LV größer als RV.
Skulptur und Ornamentierung	unterschiedlich stark ausgebildete, flügelähnliche Fortsätze, glatt oder retikuliert.
Innenlamelle	vorn mäßig breit mit einem kleinen Vestibulum.
Porenkanäle	Wenige, weit auseinanderliegende, einfach gebaute randständige Porenkanäle.
Muskelabdrücke	siehe Abb. Der Frontalabdruck kann V-förmig oder in 2 Teile aufgespalten sein.
Schloß	merodont – entomodont
Sexualdimorphismus	♂♂ weniger hoch und schlanker als ♀♀
Beziehungen	Durch Schloßbau von Gattungen mit ähnlicher Morphologie unterscheidbar.

Abgebildete Art	*Cytheropteron bispinosum cribrum* (FISCHER 1855)
Alter	Toarcien, Thouarsense Zone
Fundort	Teufelsgraben, Blatt Lauf

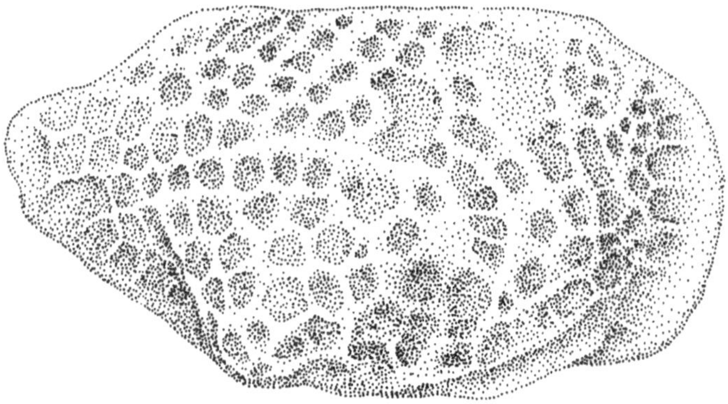

Abb. 212 *Cytheropteron bispinosum cribrum*
RV von außen; Länge: 0,52 mm

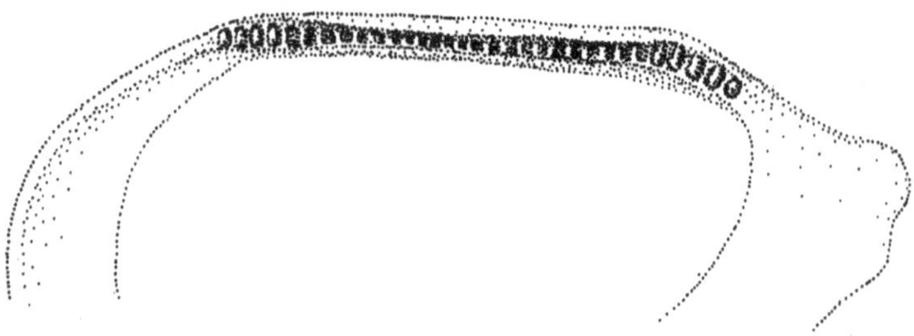

Abb. 213 RV von innen; Länge: 0,50 mm

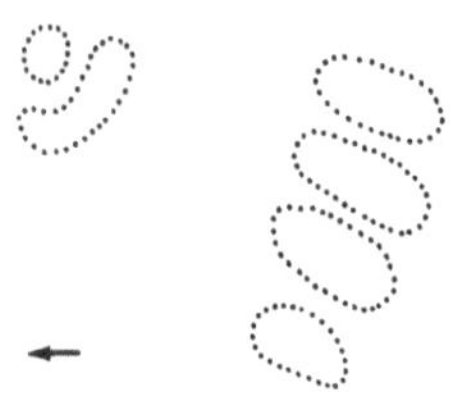

Abb. 214 *Cytheropteron latissimum* (NORMAN 1865)
Muskelfeld einer RV von innen
(umgezeichnet nach WAGNER 1957)

Unterfamilie — **Loxoconchinae** SARS 1926

Gattung — *Loxoconcha* SARS 1866

Typus-Art	*Cythere rhomboidea* FISCHER 1855
Stratigraphische Reichweite	Paleozän – rezent
Geographische Verbreitung	weltweit
Ökologie	marin, litoraler Bereich. Auch im brakkischen Milieu.
Form	meist rhombisch-oval.
Skulptur und Ornamentierung	Oberflächen glatt, retikuliert oder mit Grübchen, die meist in konzentrisch verlaufenden Reihen angeordnet sind.
Innenlamelle	vorn breit mit einem mäßig breiten Vestibulum
Porenkanäle	vorn ± gerade und einfach gebaute randständige Porenkanäle
Muskelabdrücke	siehe Abb.
Schloß	amphidont, leicht abgewandelt
Sexualdimorphismus	♂♂ länger und weniger breit als ♀♀
Beziehungen	Umriß und Schloßbau erlauben eine klare Abgrenzung von anderen Gattungen.
Abgebildete Art	*Loxoconcha rhomboidea* (FISCHER 1855)
Alter	rezent
Fundort	Adria-Küste bei Pesaro/Italien

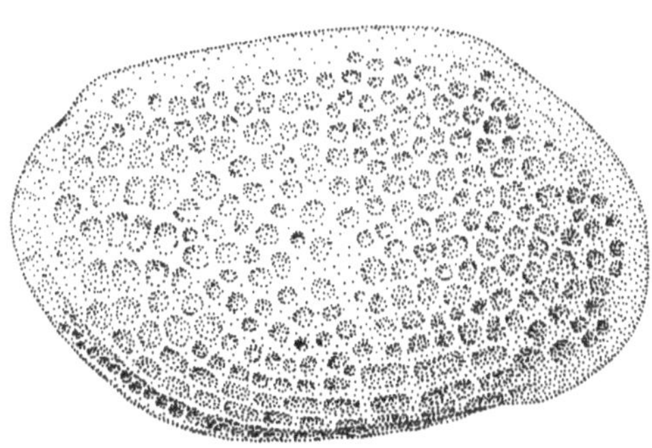

Abb. 215 RV eines Weibchens von außen; Länge: 0,64 mm

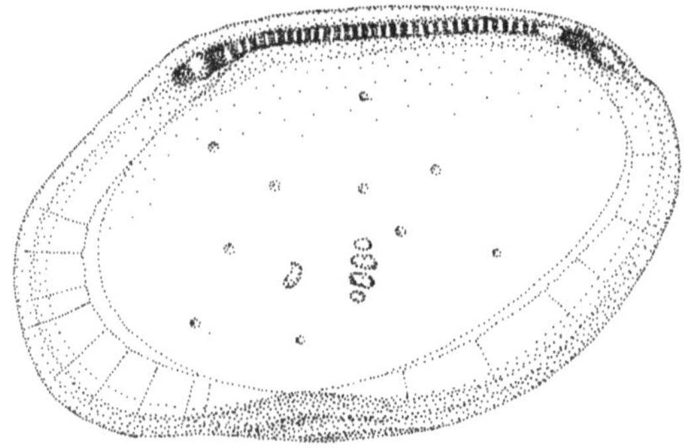

Abb. 216 *Loxoconcha rhomboidea*
RV eines Weibchens von innen; Länge: 0,64 mm

Gattung	*Hirschmannia* ELOFSON 1941
Typus-Art	*Cythere viridis* MÜLLER 1785
Stratigraphische Reichweite	Miozän – rezent
Geographische Verbreitung	Europa
Ökologie	litoraler bis mesohaliner Bereich. Vorwiegend in pflanzenreicher Umgebung; eurytherm und euryhalin.
Form	nierenförmig, meist mit ausgeprägtem vorderen Dorsalwinkel.
Skulptur und Ornamentierung	Oberflächen mit kleinen Grübchen verziert.
Innenlamelle	mäßig breit. Vorn und hinten sind Vestibula vorhanden.
Porenkanäle	Vorn sind 8 bis 10 dünne, gerade und einfach gebaute randständige Porenkanäle vorhanden.
Muskelabdrücke	siehe Abb. 218
Schloß	abgewandeltes amphidontes Schloß wie bei *Loxoconcha*.
Sexualdimorphismus	♀♀ etwas höher als ♂♂.
Abgebildete Art	*Hirschmannia viridis* (O. F. MÜLLER 1785)
Alter	rezent
Fundort	Nordsee, dänische Küste

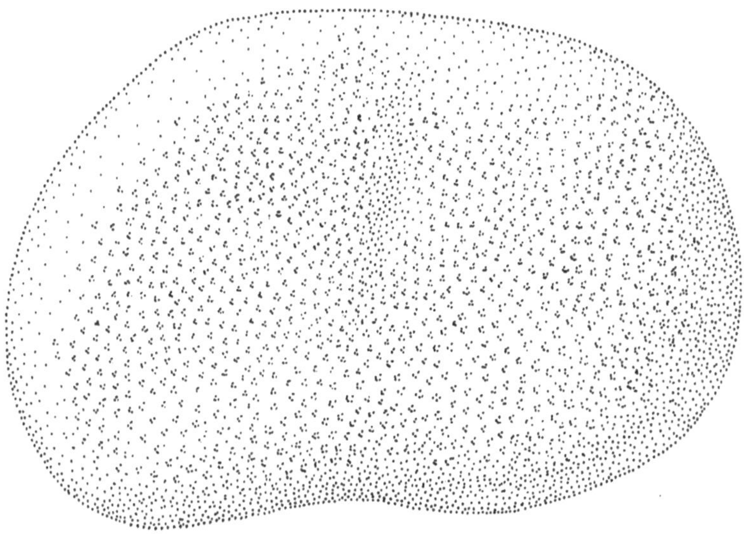

Abb. 217 *Hirschmannia viridis*
LV eines Weibchens von außen; Länge: 0,55 mm

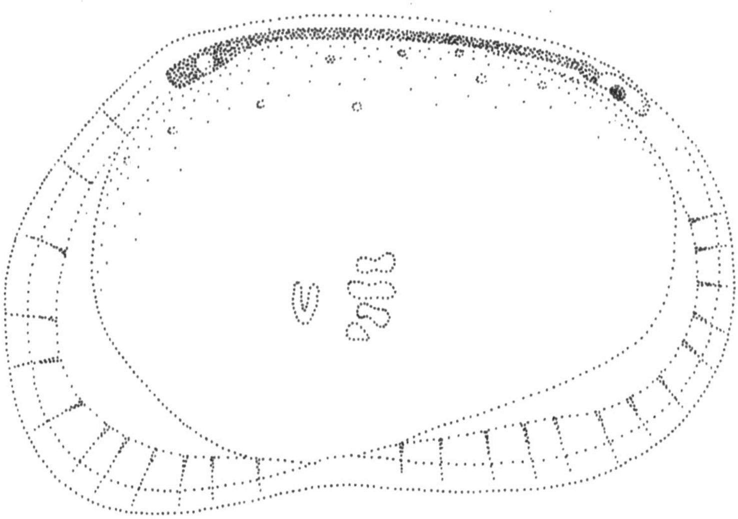

Abb. 218 *Hirschmannia viridis*
rezent, Holland
RV von innen; Länge: 0,58 mm

Unterfamilie **Limnocytherinae** SARS 1925

Gattung *Limnocythere* BRADY 1868

Typus-Art	*Cythere inopinata* BAIRD 1843
Stratigraphische Reichweite	Oligozän – rezent
Geographische Verbreitung	weltweit
Ökologie	Süßwasser; L. kommt aber auch im brackischen und im ?marinen Milieu vor.
Form	Sehr dünne Schalen; nierenförmig mit geradem Dorsalrand. Länge: 0,7–0,9 mm. LV übergreift RV.
Skulptur und Ornamentierung	Skulptur besteht aus einem subzentralen Sulcus und oft aus hohlen Höckern von variabler Größe. Die Schalen sind glatt bis retikuliert.
Innenlamelle	Meist breit; vorn und hinten mit kleinen Vestibula.
Porenkanäle	randständige Porenkanäle, vorn ungefähr 17, gerade und unverzweigt. Flächenständige Poren sind mäßig zahlreich, vom siebförmigen Typus.
Muskelabdrücke	zentrales Muskelfeld, siehe Abb. 220
Schloß	lophodont
Sexualdimorphismus	♀♀ kleiner und schmaler als ♂♂
Beziehungen	Durch Form und zentrales Muskelfeld von anderen süßwasserbewohnenden Gattungen unterscheidbar.

Abgebildete Art	*Limnocythere inopinata* (BAIRD 1843)
Alter	rezent
Fundort	Havel bei Berlin-Wannsee
Bemerkungen	Skulptur ist sehr variabel; nur der submediane Sulcus ist immer deutlich ausgebildet.

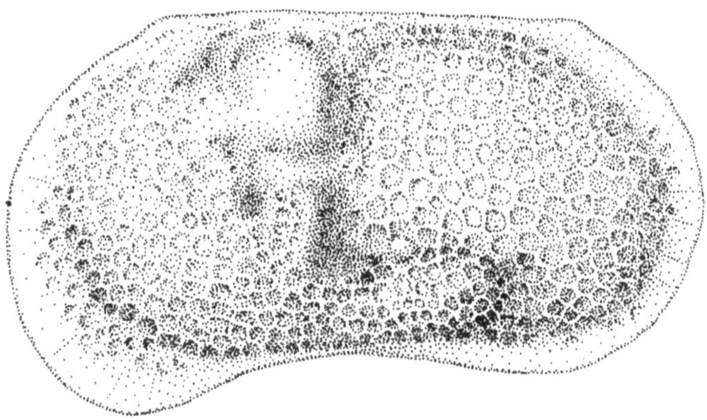

Abb. 219 *Limnocythere inopinata*
LV eines ♀ von außen; Länge: 0,88 mm

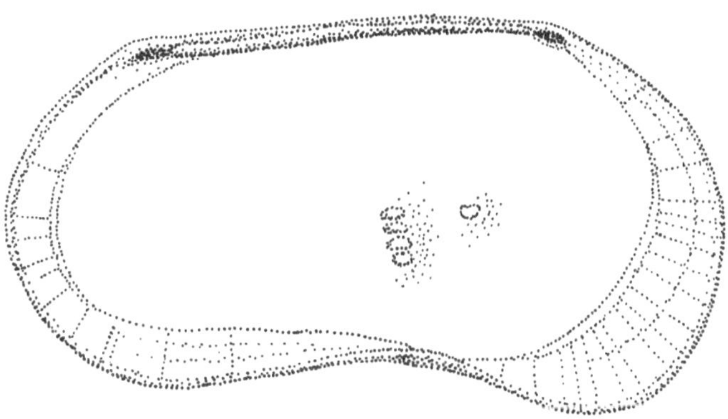

Abb. 220 LV eines ♀ von innen; Länge: 0,88 mm

Gattung	*Theriosynoecum* BRANSON 1936
Typus-Art	*Morrisonia wyomingensis* BRANSON 1935
Stratigraphische Reichweite	Bajocien – Maastricht
Geographische Verbreitung	weltweit
Ökologie	Süßwasser bis oligohalin
Form	länglich-oval bis rechteckig-trapezoid in Seitenansicht. Dorsalansicht: siehe Geschlechtsdimorphismus.

Skulptur und Ornamentierung	stark skulptiert: Höcker und Wülste. Häufig ein kräftiger Ventro-Lateralwulst. Vorn zwei Sulci; glatte bis retikulierte Oberflächen.
Innenlamelle	mäßig breit vorn, sonst schmal. Ein kleines Vestibulum ist vorhanden.
Porenkanäle	randständige Porenkanäle sind nicht zahlreich, vorn 16–18, gerade und unverzweigt.
Muskelabdrücke	siehe Abb. 224
Schloß	lophodont; medianes Schloßelement vorn breiter als hinten.
Sexualdimorphismus	♀♀ in Dorsalansicht herzförmig; ♂♂ schmal-lanzettförmig.
Beziehungen	*Bisulcocypris* hat keine Grobskulptur und ein gleichmäßig schmales Medianelement.

Abgebildete Art	*Theriosynoecum wyomingense* (BRANSON 1935)
Alter	Kimmeridge
Fundort	Kohlengrube Guimarota bei Leiria (Portugal)

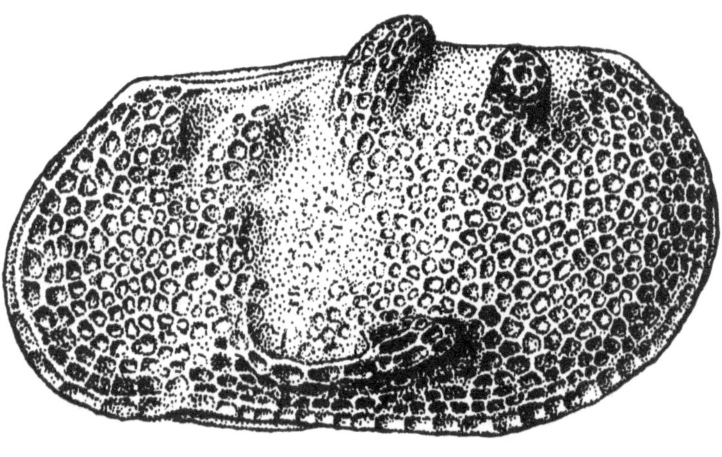

Abb. 221 LV eines Männchens von außen; Länge: 1,38 mm

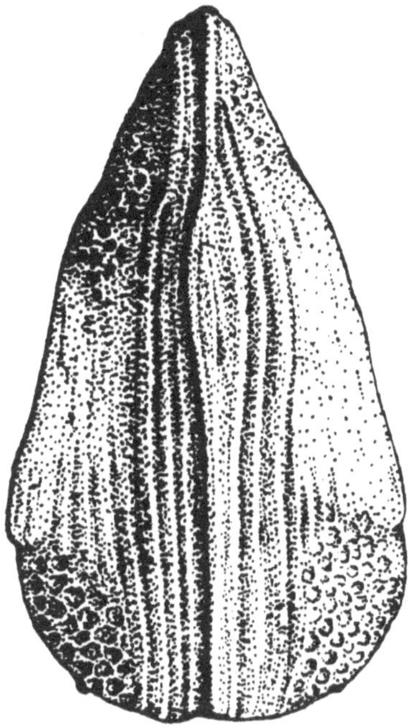

Abb. 223 *Theriosynoecum wyomingense*
Gehäuse eines Weibchens von ventral; Länge: 1,27 mm

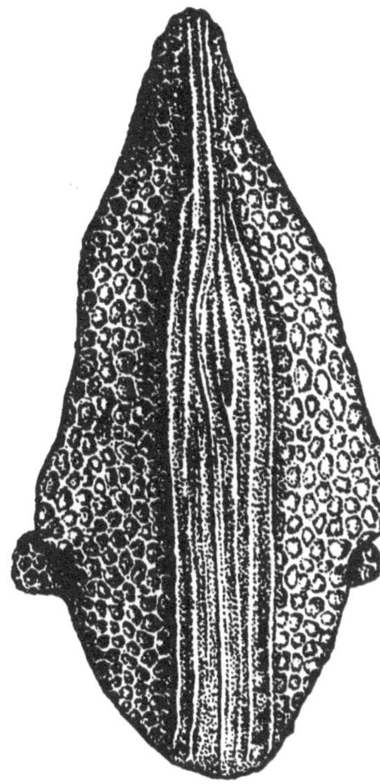

Abb. 222 *Theriosynoecum wyomingense*
Gehäuse eines Männchens von ventral; Länge: 1,38 mm

Abb. 224 *Theriosynoecum hemigymnon* HELMDACH 1968
Kimmeridge, Kohlengrube Guimarota (Portugal)
Muskelfeld einer RV von innen

Abgebildete Art	*Theriosynoecum varians* HELMDACH 1974
Alter	Unterkreide (Hauterive – Barrême)
Fundort	Galve, Provinz Teruel, Spanien

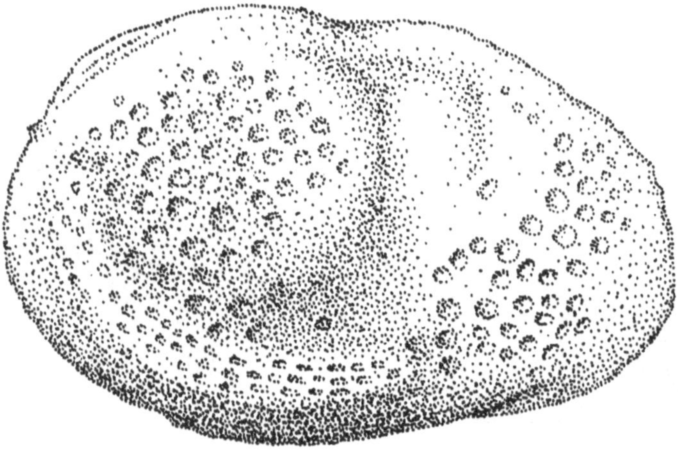

Abb. 225 RV eines Weibchens von außen; Länge: 1,16 mm

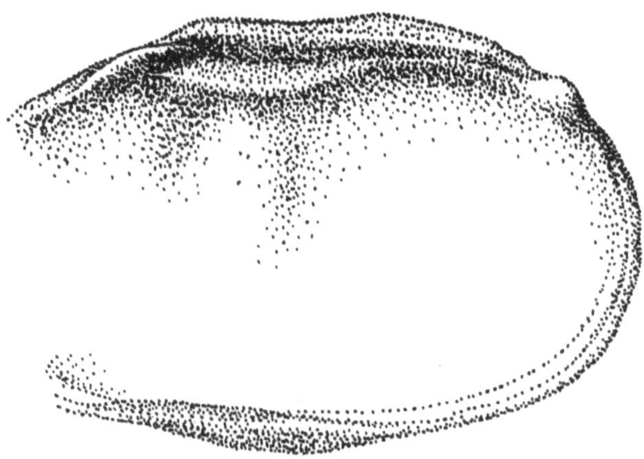

Abb. 226 RV von innen; Länge: 0,7 mm (juvenil)

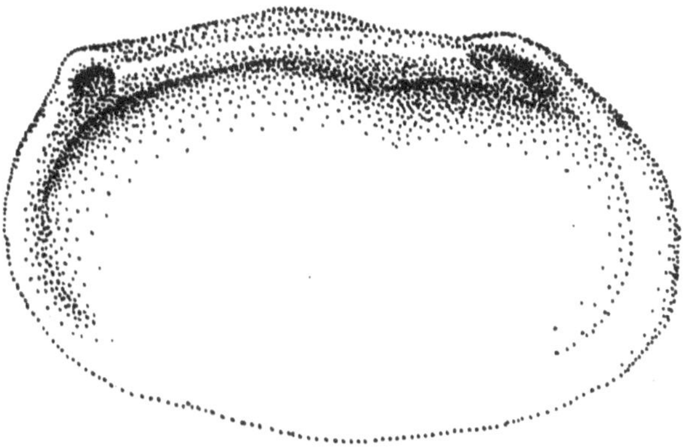

Abb. 227 *T. varians*
LV von innen (juveniles Stadium); Länge: 0,72 mm

Gattung	*Bisulcocypris* PINTO & SANGUINETTI 1958
Typus-Art	*Bisulcocypris pricei* PINTO & SANGUINETTI 1958
Stratigraphische Reichweite	Dogger – Unterkreide
Geographische Verbreitung	weltweit
Ökologie	brackisch
Form	trapezoid bis rechteckig
Skulptur und Ornamentierung	vorn 2 Sulci; meist retikuliert. Häufig kleine Stachel auf der hinteren Schalenhälfte.
Innenlamelle	mäßig breit, mit kleinen Vestibula
Porenkanäle	vorn 16–18 randständige gerade Porenkanäle, die auch von taschenartigen Ausbuchtungen des Vestibulums divergierend ausgehen können (siehe Abb. 230)
Muskelabdrücke	siehe Abb. 4 Narben, leicht schräg untereinander.
Schloß	lophodont
Sexualdimorphismus	♀♀ hinten breiter und etwas kürzer als ♂♂
Beziehungen	von *Theriosynoecum* durch fehlende Grobskulptur und einheitlich schmales Medianelement unterschieden.

Abgebildete Art *Bisulcocypris pahasapensis* (ROTH 1933)
Alter Kimmeridge
Fundort Porto das Barcas, Portugal

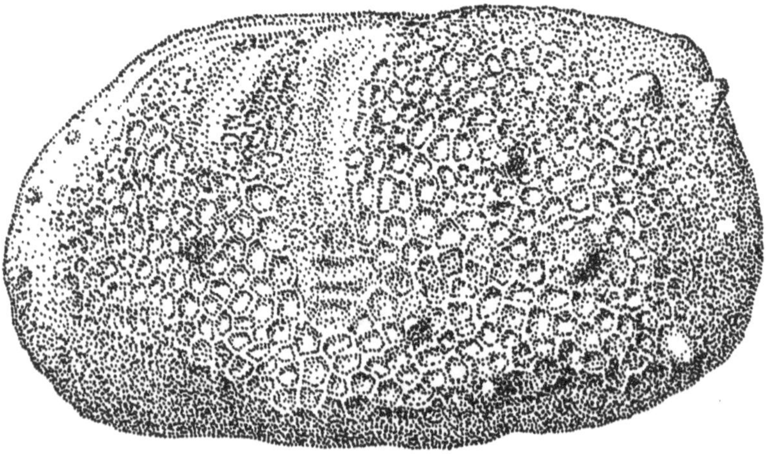

Abb. 228 LV eines Männchens von außen; Länge: 0,97 mm

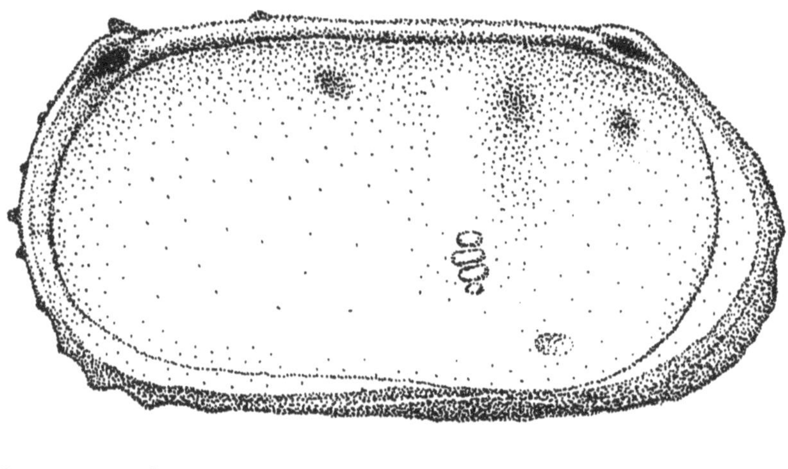

Abb. 229 *Bisulcocypris algarviensis*
HELMDACH & RAMALHO 1977
Oberjura, Cabo São Vicente, Portugal
LV eines ?Männchens von innen; Länge: 1,1 mm

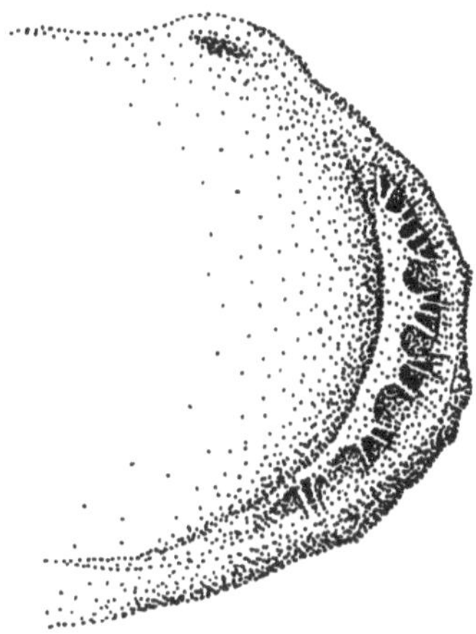

Abb. 230 *Bisulcocypris algarviensis*
Vordere Randzone einer LV von innen

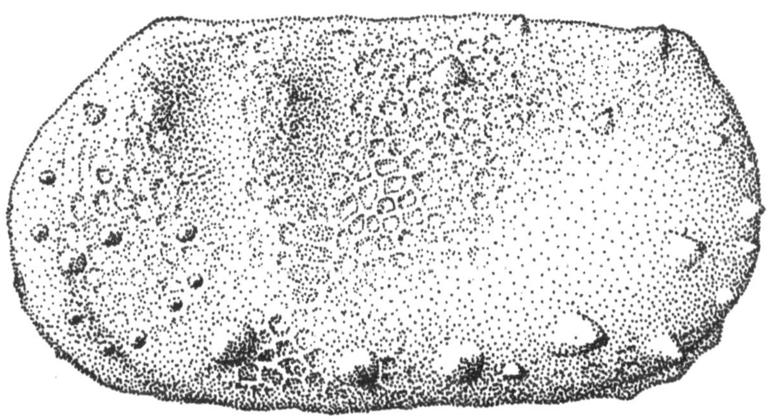

Abb. 231 LV eines ?Männchens von außen; Länge: 0,97 mm

Unterfamilie	**Bythocytherinae** SARS 1926
Gattung	*Bythocythere* SARS 1866
Typus-Art	*Bythocythere turgida* SARS 1866
Stratigraphische Reichweite	Oligozän – rezent
Geographische Verbreitung	vermutlich weltweit
Ökologie	marin, vorwiegend im infra-neritischen und bathyalen Bereich.
Form	rhombisch bis rechteckig in Seitenansicht. Länge: 0,65–0,9 mm. Klappen ungefähr gleich groß.
Skulptur und Ornamentierung	glatt oder punktiert. Häufig ein medianer Sulcus.
Innenlamelle	mäßig breit; vorn ein Vestibulum.
Porenkanäle	wenige, kurze, einfach gebaute randständige Porenkanäle.
Muskelabdrücke	siehe Abb. 233
Schloß	lophodont
Beziehungen	*Cytheropteron* und *Bythoceratina* haben ein gezähneltes Schloß.
Abgebildete Art	*Bythocythere turgida* SARS 1866
Alter	rezent
Fundort	Irland

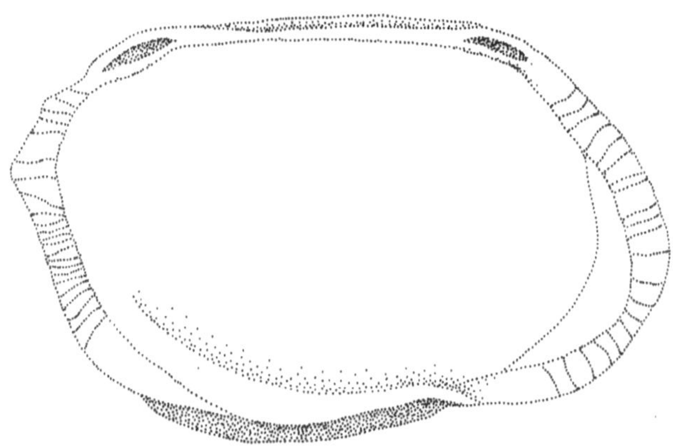

Abb. 232 LV von innen; Länge: 0,8 mm (umgezeichnet nach SYLVESTER-BRADLEY 1947)

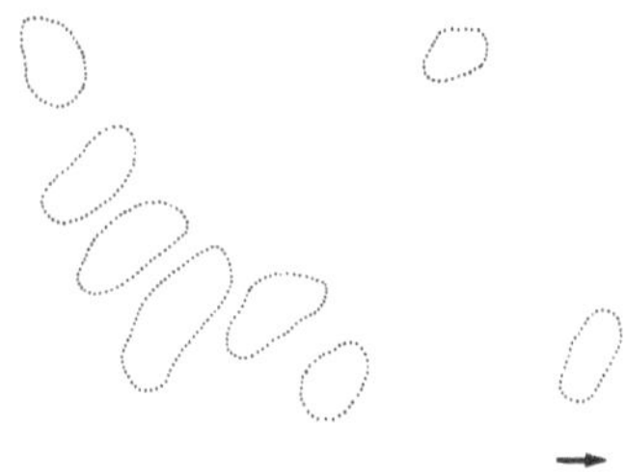

Abb. 233 *Bythocythere* cf. *turgida* SARS 1866
zentrales Muskelfeld einer LV (rezent, West-Irland)
Der linke obere Abdruck ist vermutlich eine dorsale Muskelnarbe (Umgezeichnet nach VAN MORKHOVEN 1963)

Gattung	*Pseudocythere* SARS 1866
Typus-Art	*Pseudocythere caudata* SARS 1866
Stratigraphische Reichweite	Maastricht – rezent
Geographische Verbreitung	weltweit
Ökologie	marin, in unterschiedlichen Tiefen (Typus-Art: zwischen 7 und 220 m Tiefe, nach ELOFSON 1941). Eurytherm und euryhalin.
Form	rhombisch bis tropfenförmig in Seitenansicht. Kaudalfortsatz dorsal. Länge: 0,4–0,8 mm.
Skulptur und Ornamentierung	dünnschalig; meist glatt. Selten dünne Rippen oder Retikulierung.
Innenlamelle	Vorn breit, mit großem Vestibulum.
Porenkanäle	Wenige randständige Porenkanäle, die eine beulenartige Erweiterung im distalen Drittel aufweisen.
Muskelabdrücke	siehe Abb. 234
Schloß	adont
Beziehungen	Von *Loxoconcha* durch Schloßbau unterscheidbar.

Abgebildete Art	*Pseudocythere caudata* SARS 1866
Alter	rezent
Fundort	Holland

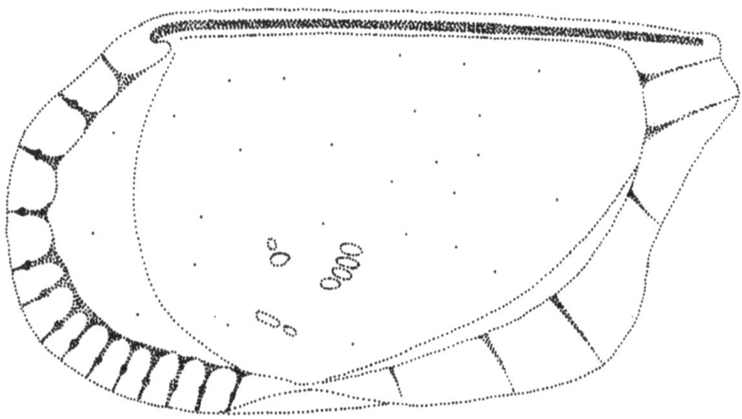

Abb. 234 RV von innen; Länge: 0,50 mm
(umgezeichnet nach WAGNER 1957)

Unterfamilie	**Paradoxostominae** BRADY & NORMAN 1889
Gattung	*Paradoxostoma* FISCHER 1855
Typus-Art	*Cythere variabilis* BAIRD 1835
Stratigraphische Reichweite	Pleistozän – rezent
Geographische Verbreitung	weltweit
Ökologie	epineritisch; viele Arten leben in 0,5 bis 20 m Tiefe; Pflanzenbewohner; die meisten Arten sind eurytherm und euryhalin.
Form	Unregelmäßig eiförmig in Seitenansicht. Größe: die meisten Arten sind zwischen 0,5 und 0,7 mm lang. LV und RV sind nahezu gleich groß.
Skulptur und Ornamentierung	Die Schalen sind dünn, schwach verkalkt und glatt.
Innenlamelle	Innenlamelle vorn mäßig breit; Randzone sehr schmal. Vorn und hinten große Vestibula.
Porenkanäle	Randständige Porenkanäle sind kurz, einfach und selten.
Muskelabdrücke	4 Adduktorennarben in einer Reihe. (Nach MÜLLER 1894 zeigen einige Arten auch eine Teilung einer oder mehrerer dieser Adduktorenabdrücke)
Schloß	Merodont – lophodont.
Sexualdimorphismus	♂♂ meist weniger hoch und kürzer als ♀♀
Beziehungen	Durch Bau von Muskelnarben und randständigen Porenkanälen von anderen Gattungen unterscheidbar.
Abgebildete Art	*Paradoxostoma abbreviatum* SARS 1865
Alter	rezent
Fundort	São Martinho do Porto, Portugal
Bemerkungen	*P. abbreviatum* lebt im oberen litoral

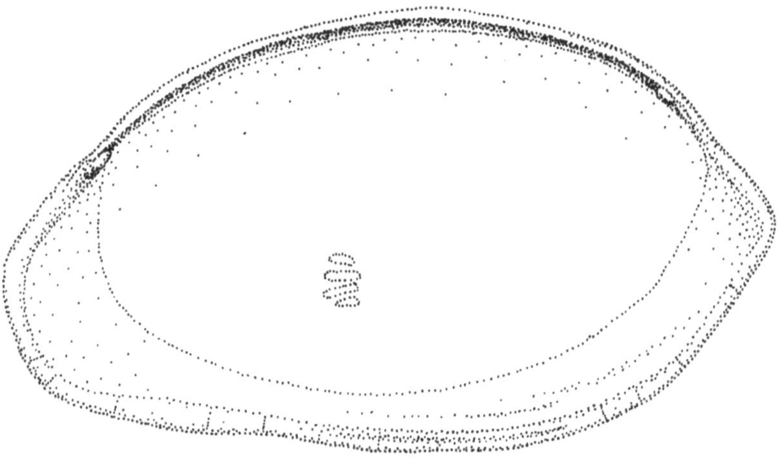

Abb. 235 *Paradoxostoma abbreviatum*
RV einer ♂ von innen; Länge: 0,69 mm

Gattung	*Sclerochilus* SARS 1866
Typus-Art	*Cythere contorta* NORMAN 1862
Stratigraphische Reichweite	Miozän – rezent
Geographische Verbreitung	weltweit
Ökologie	epineritisch in 5–35 m Wassertiefe; vorwiegend auf Pflanzen
Form	nierenförmig, beide Enden gut gerundet. LV größer als RV. Länge zwischen 0,5 und 0,8 mm.
Skulptur und Ornamentierung	Schalen sind dünn und glatt.
Innenlamelle	vorn breit; Verwachsungslinie und Innenrand meist weit auseinanderliegend; selten für ein kurzes Stück zusammenfallend.
Porenkanäle	zahlreich, kurz und einfach gebaut.
Muskelabdrücke	5 Adduktoren, siehe Abb. 237
Schloß	adont
Sexualdimorphismus	♂♂ teils kleiner, teils länger als ♀♀
Beziehungen	Von *Paradoxostoma* und *Bythocypris* durch zentrales Muskelfeld abtrennbar.

Abgebildete Art	*Sclerochilus contortus* (NORMAN 1861)
Alter	Holozän
Fundort	Holland

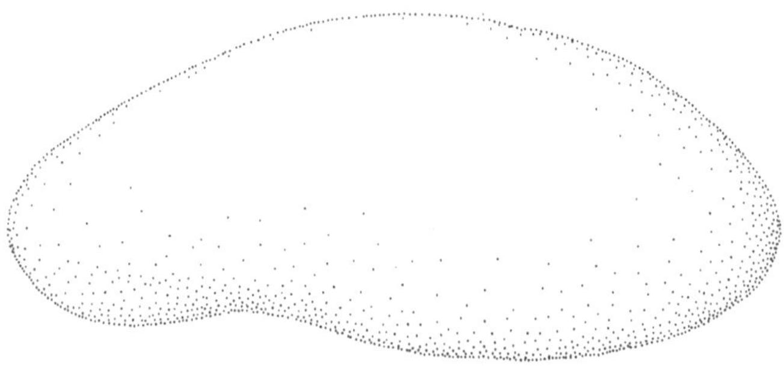

Abb. 236 LV von außen; Länge: 0,71 mm

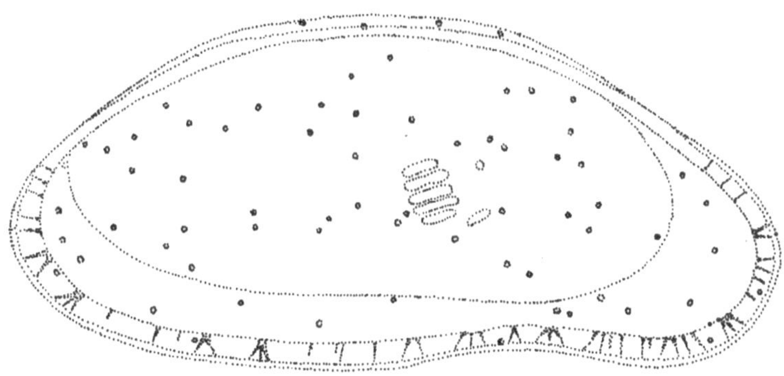

Abb. 237 LV von innen; Länge: 0,77 mm
(beide Abb. nach WAGNER 1957 umgezeichnet)

Gattung	*Cytherois* G. W. MÜLLER 1884
Typus-Art	*Paradoxostoma fischeri* SARS 1866
Stratigraphische Reichweite	Miozän – rezent
Geographische Verbreitung	weltweit
Ökologie	Die Gattung kommt überwiegend im epineritischen Bereich vor. Pflanzenbewohner.
Form	Länglich oval. Die Größe der Arten schwankt zwischen 0,3–0,6 mm Länge; RV kleiner als LV.
Skulptur und Ornamentierung	dünnschalig und glatt. Selten sind dünne Längsrippen (*Cytherois ovalis* G. W. MÜLLER 1908)
Innenlamelle	breit; Innenrand und Verwachsungslinie fallen nur auf einem kurzen Stück zusammen.
Porenkanäle	randständige Porenkanäle sind kurz, einfach und selten.
Muskelabdrücke	siehe Abb. 239
Schloß	merodont – lophodont
Sexualdimorphismus	sofern bekannt: ♂♂ etwas länglicher als ♀♀
Beziehungen	Von *Paradoxostoma* meist durch Umriß (Kaudalfortsatz) – von einigen Arten nur durch geringere Größe unterscheidbar.
Abgebildete Art	*Cytherois fischeri* (SARS 1866)
Alter	Holozän
Fundort	Holland

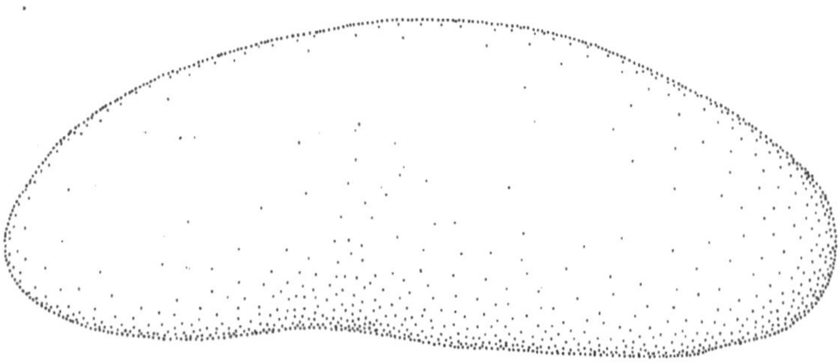

Abb. 238 LV von außen; Länge: ± 0,65 mm

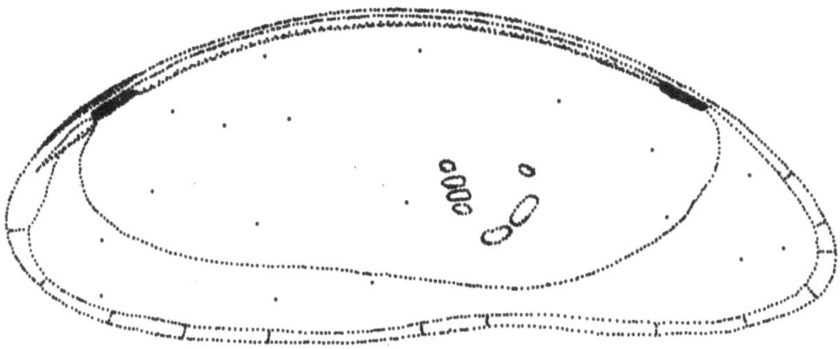

Abb. 239 *C. fischeri*
LV von innen; Länge: ± 0,6 mm
(umgezeichnet nach WAGNER 1957)

Unterfamilie	**Xestoleberidinae** SARS 1928
Gattung	*Xestoleberis* SARS 1866
Typus-Art	*Cythere aurantia* BAIRD 1838
Stratigraphische Reichweite	Cenoman – rezent
Geographische Verbreitung	weltweit
Ökologie	überwiegend marin (litoral bis epineritisch), aber auch in brackischem Milieu und in Strandseen.
Form	eiförmig-oval; Ventralrand leicht konkav.
Skulptur und Ornamentierung	schwach verkalkte glatte Schalen
Innenlamelle	breit, mit großen Vestibula
Porenkanäle	vorn bis zu 20 kurze, gerade randständige Porenkanäle
Muskelabdrücke	variabel, siehe Abb. 242
Schloß	merodont – entomodont
Sexualdimorphismus	♀♀ hinten angeschwollener und größer als ♂♂.
Beziehungen	von ähnlich aussehenden Gattungen durch den Schloßbau abtrennbar.
Abgebildete Art	*Xestoleberis subglobosa* (BOSQUET 1852)
Alter	Lutet IV
Fundort	Grignon (Pariser Becken)

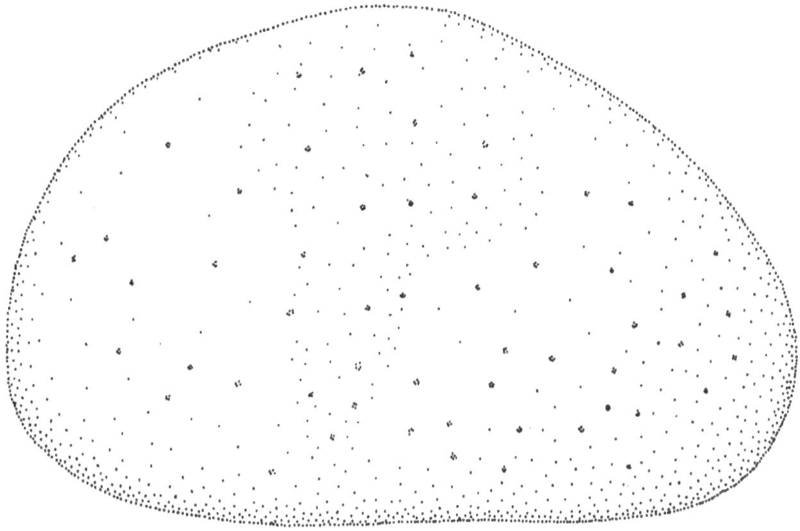

Abb. 240 *Xestoleberis subglobosa*
Gehäuse von rechts; Länge: 0,68 mm

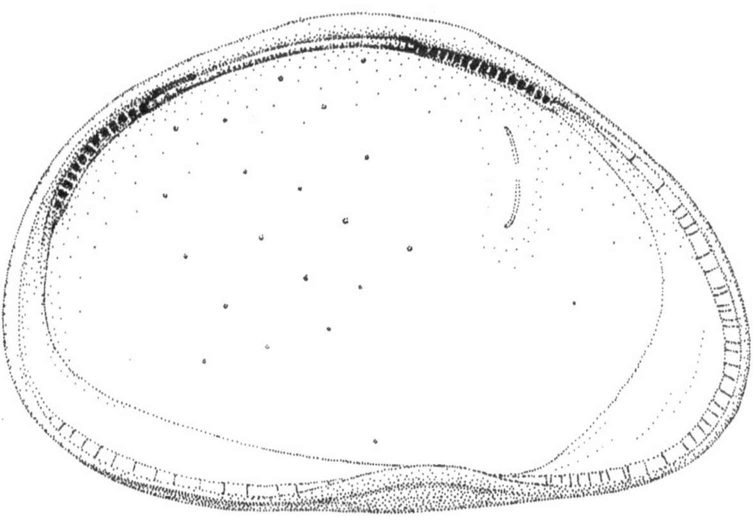

Abb. 241 LV von innen; Länge: 0,72 mm

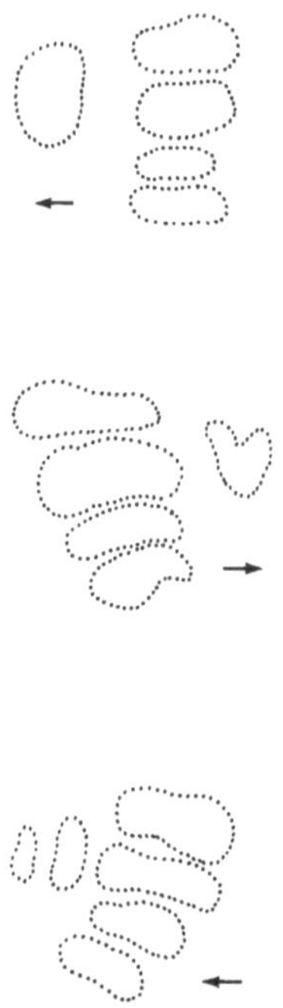

Abb. 242
zentrales Muskelfeld einiger *Xestoleberis*-Arten:
oben: *Xestoleberis communis* MÜLLER 1894
Muskelfeld der LV eines Weibchens von außen
mitte: *Xestoleberis parva* MÜLLER 1894
Muskelfeld der LV eines Weibchens von innen
unten: *Xestoleberis ventricosa* MÜLLER 1894
Muskelfeld der RV eines Weibchens von innen
(umgezeichnet nach MÜLLER 1894)

Gattung	*Uroleberis* TRIEBEL 1958
Typus-Art	*Eocytheropteron parnensis* APOSTOLESCU 1955
Stratigraphische Reichweite	Eozän – rezent
Geographische Verbreitung	fossil: Europa rezent: Australien und Indonesien
Ökologie	epineritisch
Form	rundlich-oval mit Kaudalfortsatz LV etwas größer als RV Unterschiedliche Größe, Länge: 0,4 bis 0,7 mm

Skulptur und Ornamentierung	Die Oberflächen sind glatt oder zeigen kleine Grübchen.
Innenlamelle	Innenrand und Verwachsungslinie fallen nur vorn nicht zusammen.
Porenkanäle	Randständige Porenkanäle sind einfach und gerade, vorn über 30 bei der Typus-Art.
Muskelabdrücke	siehe Abb. 243
Schloß	merodont – entomodont
Sexualdimorphismus	♂♂ etwas schmaler als ♀♀
Beziehungen	Der typische *Xestoleberis*-Fleck oberhalb des zentralen Muskelfeldes erlaubt eine klare Abgrenzung von anderen Gattungen. Von *Xestoleberis* durch den Kaudalfortsatz unterschieden.

Abgebildete Art	*Uroleberis parnensis* (APOSTOLESCU 1955)
Alter	Lutet IV
Fundort	Grignon (Pariser Becken)

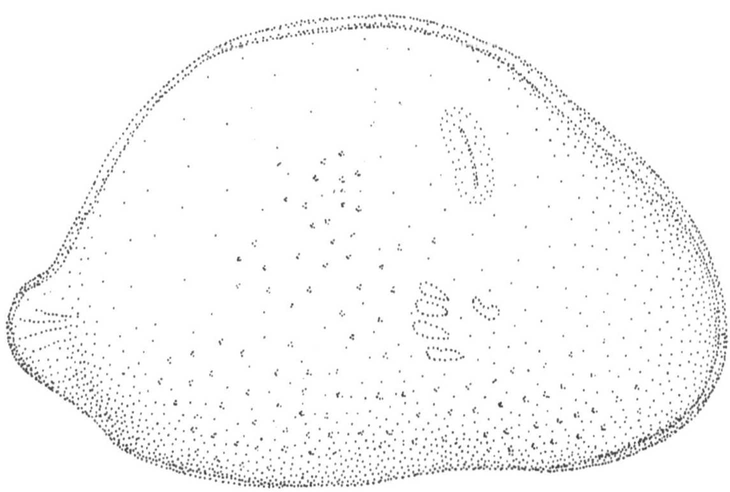

Abb. 243 Gehäuse eines ♀ von rechts; Länge: 0,66 mm

Abb. 244 *Uroleberis parnensis*
Schloß von innen, Verg.: 225 : 1
LV eines ♀
(umgezeichnet nach TRIEBEL 1958)

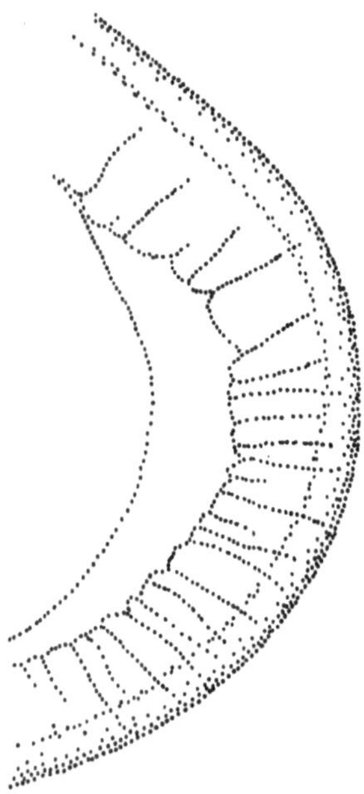

Abb. 245 Vorderrand von innen, Verg.: 355 : 1
LV eines ♀
(umgezeichnet nach TRIEBEL 1958)

Anhang

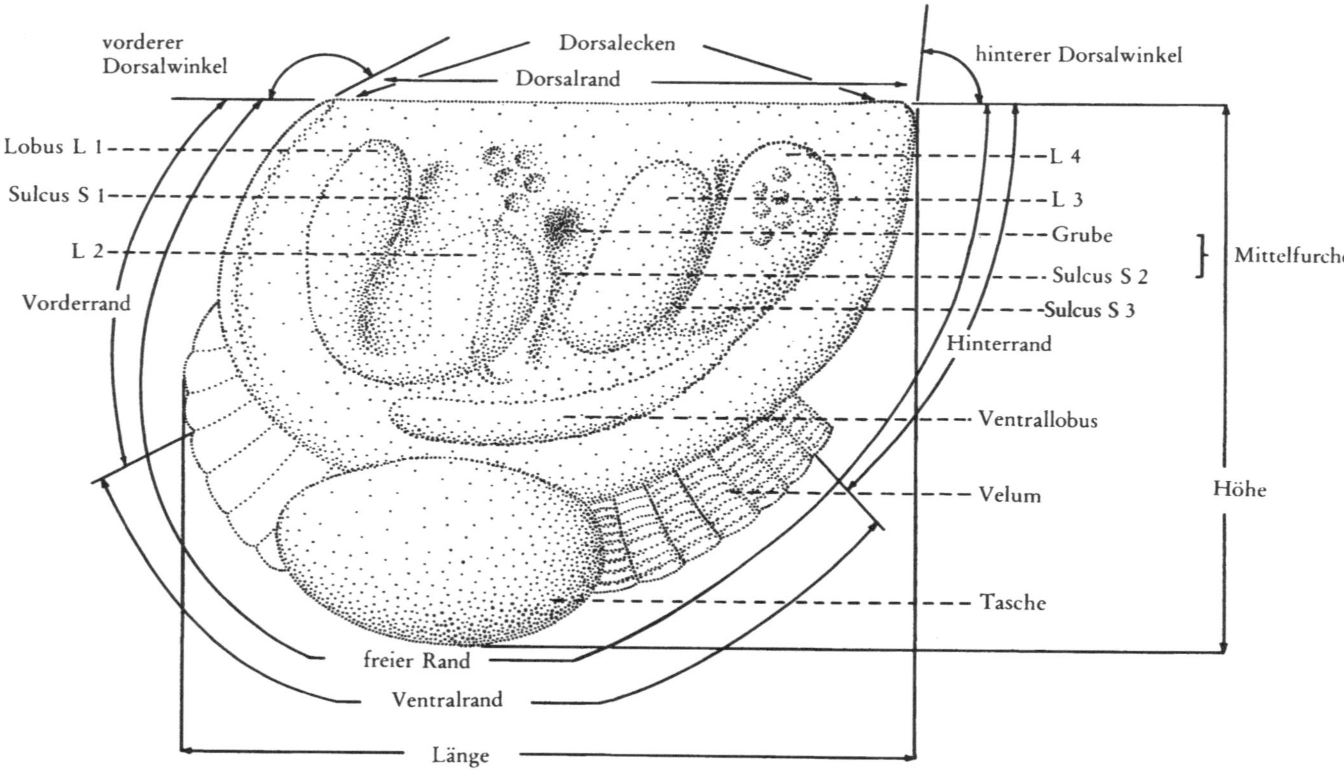

Tafel 1 Bezeichnung der äußeren Schalenmerkmale

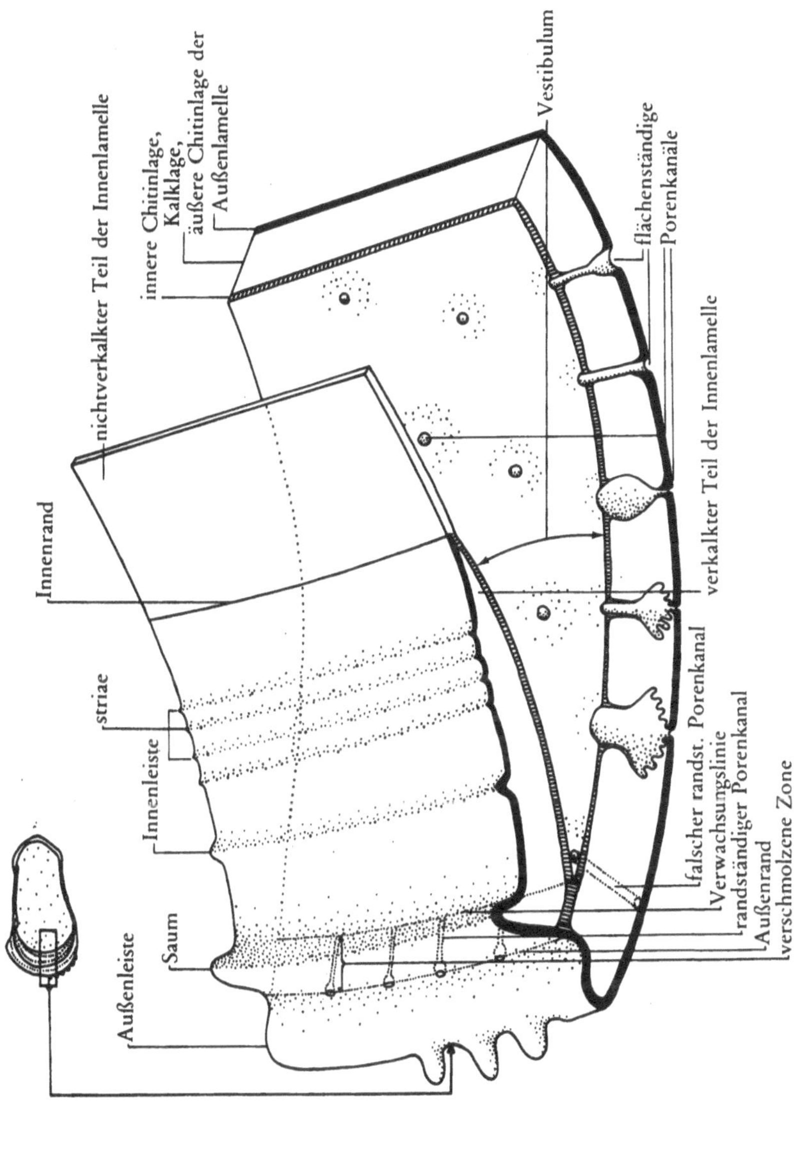

Tafel 2 Bezeichnung der inneren Schalenmerkmale

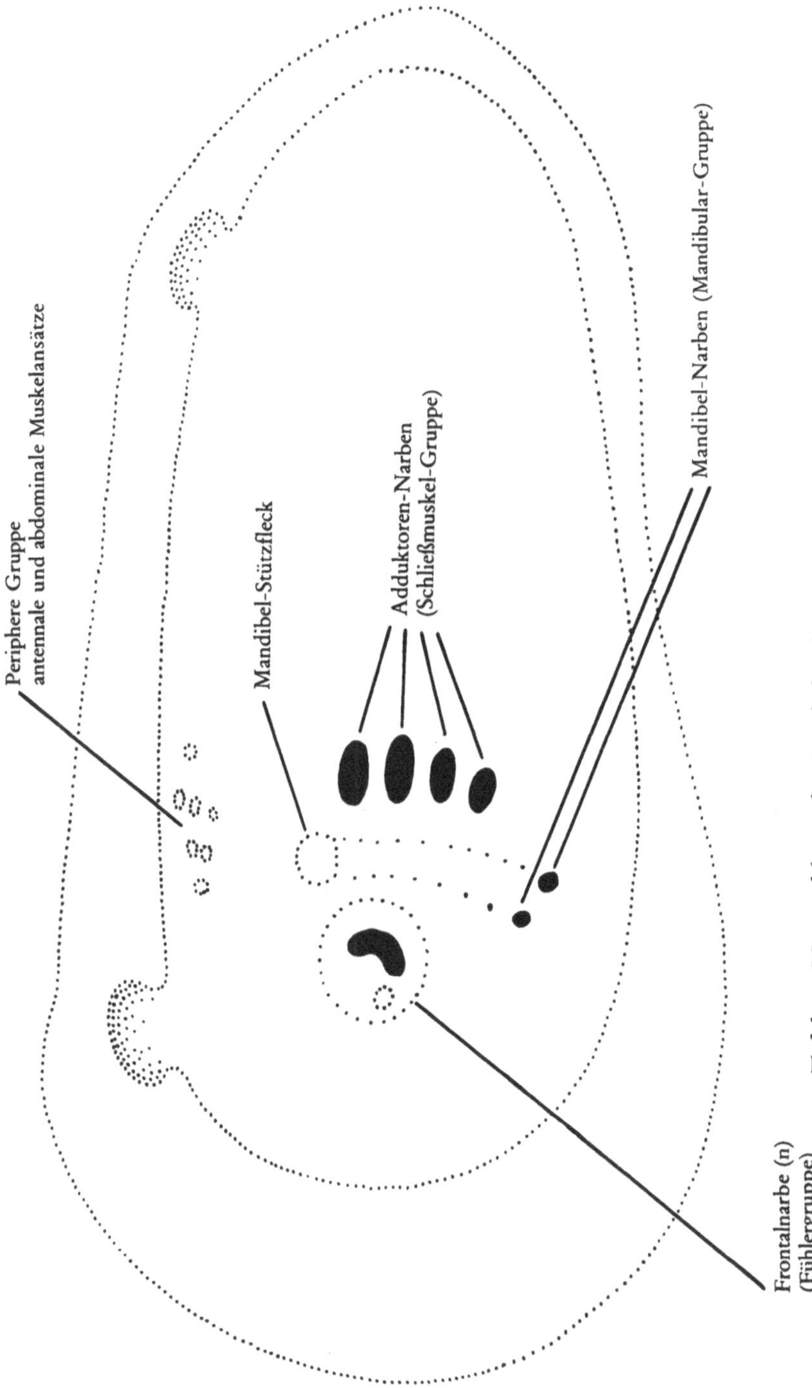

Tafel 3 Nomenklatur der Muskelnarben

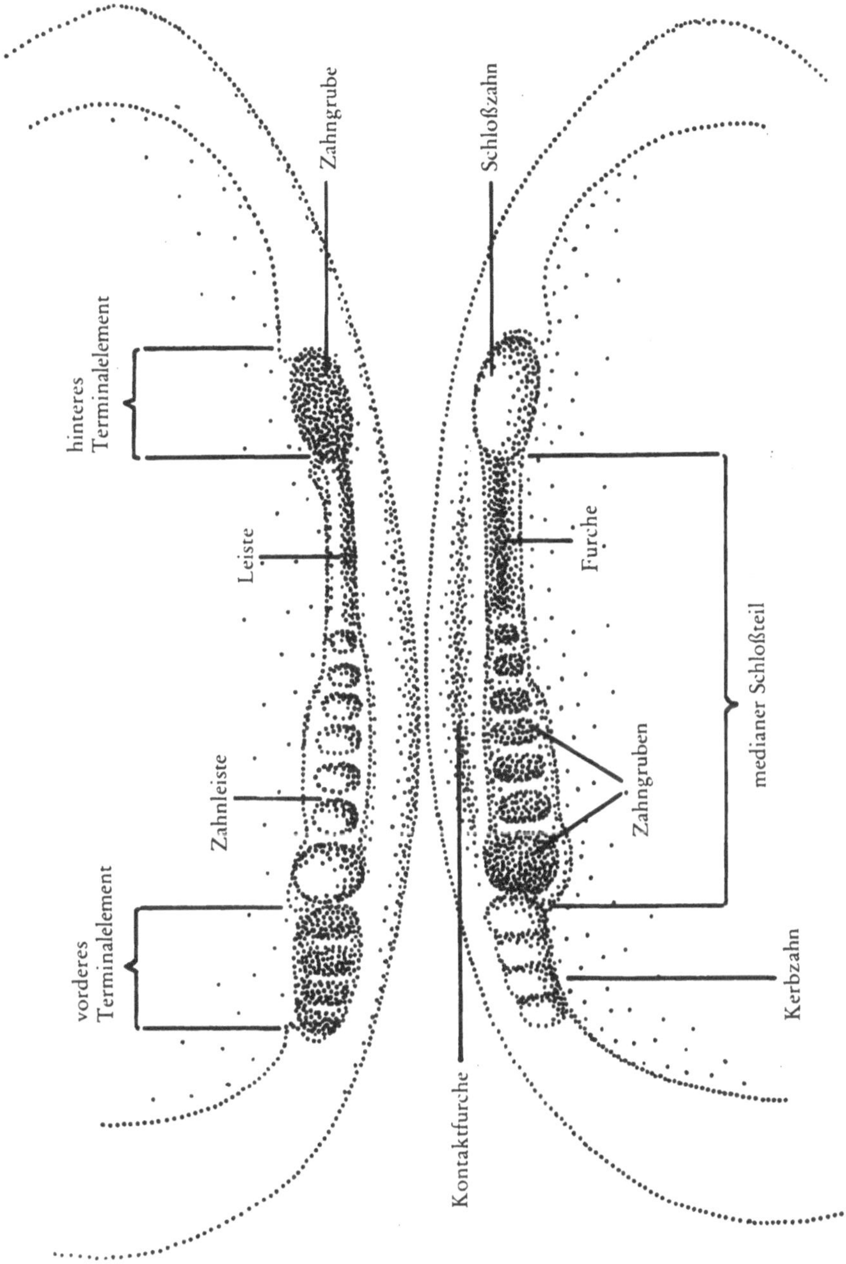

Tafel 4 Nomenklatur des Ostrakoden-Schlosses

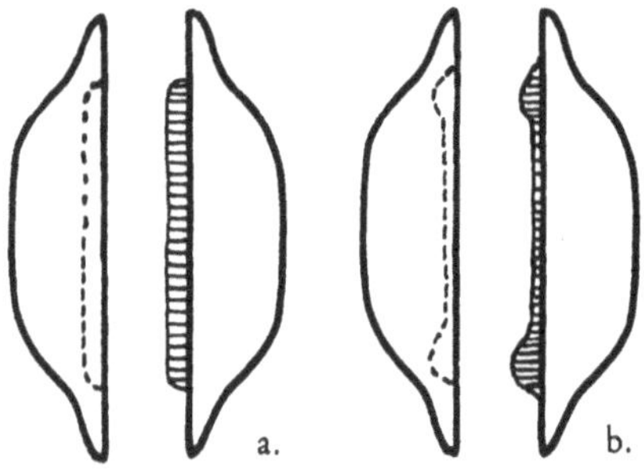

desmodontes Schloss
(adont)
Bsp. a. Bairdia
b. Triebelina

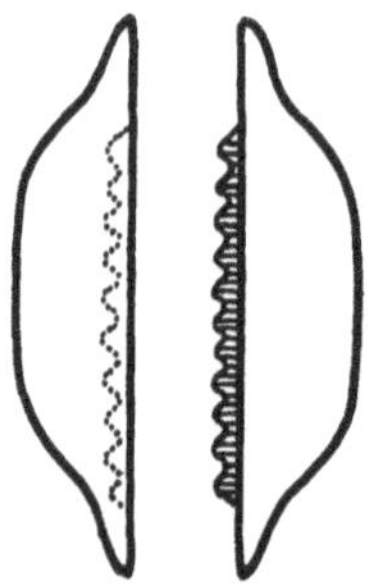

taxodontes Schloss
Bsp. Hungarella

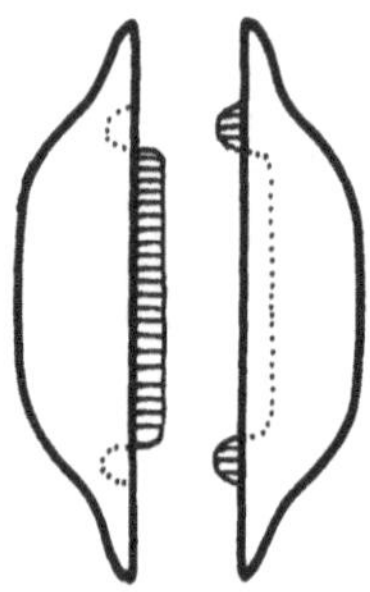

merodontes Schloß s. l.
1. lophodont
Bsp. Bythocythere
Bisulcocypris

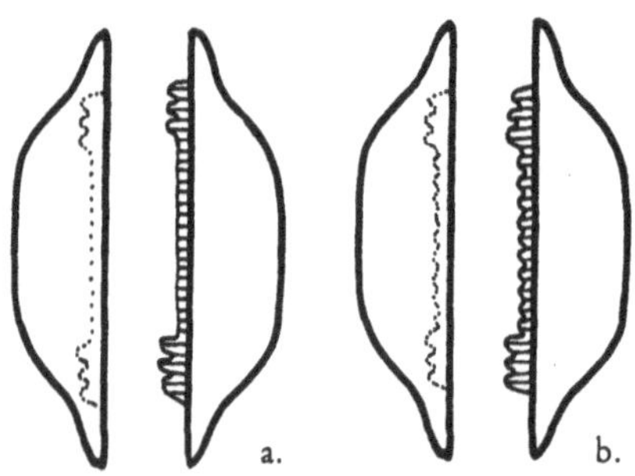

2. merodont
Bsp. a. Schuleridea
b. Haplocytheridea

Tafel 5 und 6 Terminologie der Schloßtypen

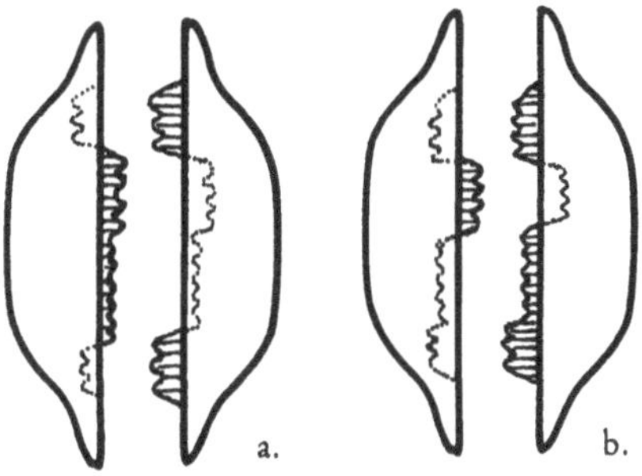

3. entomodont
Bsp. a. Progonocythere
b. Cytheridea

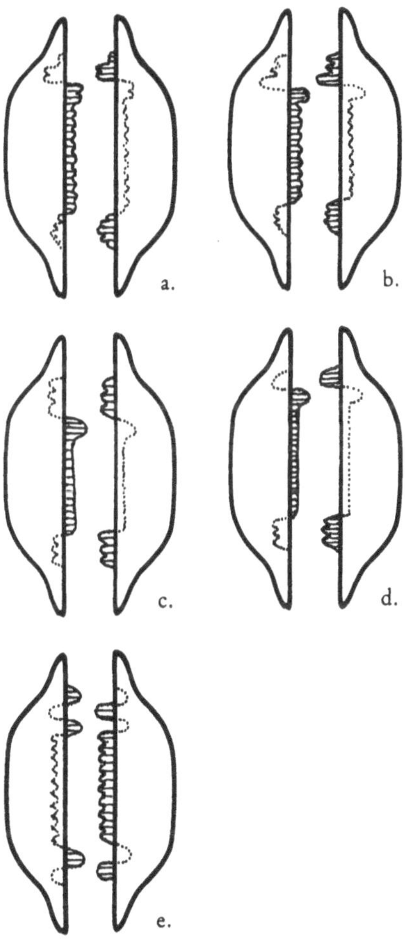

amphidontes Schloß s. l.
Bsp. a. Schizocythere
b. Macrodentina
c. Cythereis
d. Brachycythere
e. Loxoconcha

Literatur

Alexander, C. J.: Ostracoda of the genera Monoceratina and Orthonotacythere from the Cretaceous of Texas. – J. Paleontol. **8**, 1, S. 57–67, Menasha 1934.

Andres, D.: Ostracoden aus dem mittleren Kambrium von Öland. – Lethaia, 2, S. 165–180, Oslo 1969.

Apostulescu, V.: Ostracodes du Lias du Bassin de Paris. – Rev. Inst. Franç. Pétrole Vol. **14** No. 6, Ann. Combust. Liquides, S. 795–826, Paris 1959.

Arbeitskreis deutscher Mikropaläontologen: Leitfossilien der Mikropaläontologie. – Gebrüder Bornträger S. 1–432, Berlin 1962.

Bartenstein, H.: *Thaumatocypris bettenstaedti* n. sp. aus dem nordwestdeutschen Lias (Ostrac.). – Senckenbergiana **30**, 1/3, S. 95–98, Frankfurt/Main 1949.

Bate, R. H.: Middle Jurassic Ostracoda from South Yorkshire. – Bull. Brit. Mus. Nat. Hist. **9**, 2, S. 19–46, London 1965.

Bless, M. J. M. & Jordan, H.: Stratigraphical and taxonomical remarks on the ostracode genus *Hollinella* CORYELL. – Med. Rijks Geol. Dienst, N. S. **21**, S. 81–91, Maastricht 1970.

Bouček, B.: Die Ostracoden des Böhmischen Ludlows. – Neues Jahrbuch, Beil. Bd. **76**, Abt. B. Heft 1, S. 31–98 Stuttgart 1936.

Branson, C. C.: Fresh-Water Invertebrates from the Morrison (Jurassic?) of Wyoming. – J. Paleont. **9**, 6, S. 514–522, Menasha 1935.

Branson, C. C.: New Name for a Morrison Ostracode Genus. – J. Paleont. **10**, 4, S. 323, Menasha 1936.

Branson, C. C.: Fresh-Water Ostracode genus *Theriosynoecum*. – Okla. Geology Notes, **26**, 4, S. 87–96, Norman 1966.

Ellis, B. F. & Messina, A. R.: Catalogue of Ostracoda, Special Publication, The American Museum of Natural History, New York 1952–1974.

Gramann, F.: Das Neogen im Strimon-Becken (Griechisch-Ostmazedonien) Teil II, Ostracoden und Foraminiferen aus dem Neogen des Strimon-Beckens. – Geol. Jb. **87**, S. 485–528, Hannover 1969.

Hartmann, G.: Neontological and Paleontological Classification of Ostracoda. – Publ. staz. zool. Napoli **33** suppl., S. 550–587, Neapel 1964.

Hartmann, G.: Ostracoda. – In: Dr. H. G. Bronns Klassen und Ordnungen des Tierreichs, V: Abt. I, 2. Buch, IV, 1.–3. Lieferung, S. 1–568, Leipzig 1966–1968.

Hartmann, G.: Zur Phylogenie und Systematik der Ostracoden. – Z. zool. Systematik Evolutionsforsch. 1, 1/2, S. 1–154, Frankfurt/Main 1963.

Helmdach, F. F.: Eine neue Art von *Theriosynoecum* (Ostracoda) mit außergewöhnlicher Variabilität aus der spanischen Unterkreide (Hauterive-Barrême) N. Jb. Geol. Paläont. Mh., **1974**, H. 4, S. 220–232, Stuttgart 1974.

Helmdach, F. F. & Ramalho, M.: *Bisulcocypris algarviensis* n. sp., un nouveau ostracode du Malm portugais. – Im Druck.

Jaanusson, V.: Middle Ordovician Ostracodes of Central and Southern Sweden. – Bull. Geol. Inst. Univ. Uppsala **37**, 3–4, S. 173–442, Uppsala 1957.

Jones, T. R. & Holl, H. B.: Notes on the Paleozoic bivalved Entomostraca No. 20, on the genus *Beyrichia* and some new species. – Ann. Mag. Nat. Hist. 5, **17**, London 1886.

Kay, G. M.: Mohawkian Ostracoda: Species common to Trenton faunules from the Hull and Decorah formations. – J. Paleont. **8**, 3, Menasha 1934.

Kaye, P.: The Ostracod Genus *Neocythere* in the Speeton Clay. – Palaeontology **6**, 2, S. 274–281, London 1963.

Kaye, P.: Some new British Albian Ostracoda. – Bull. Brit. Mus. (Nat. Hist.), **11**, 5, S. 215–253, London 1965.

Kegel, W.: Leperditiidae aus dem Mitteldevon des Rheinischen Schiefergebirges. – H. der preuß. Geol. Landesanst. zu Berlin **53**, S. 907–935, Berlin 1932.

Kesling, R. V.: Middle Ordovician Black River Ostracods from Michigan, Part III, *Platybolbina*. – Museum of Paleontology, The University of Michigan **XV**, 16, S. 365–385, Ann Arbor 1960.

Kilenyi, T. I.: The Ostracoda of the Dorset Kimmeridge Clay. – Palaeontology **12**, 1, S. 112–160, London 1969.

Klie, W.: Ostracoda, Muschelkrebse. In: *F. Dahl* (Herausgeber) Die Tierwelt Deutschlands und der angrenzenden Meeresteile nach ihren Merkmalen und nach ihrer Lebensweise, Teil **34**, 3, S. 1–230, Jena 1938.

Krause, A.: Über Beyrichien und verwandte Ostracoden in untersilurischen Geschieben. – Z. dtsch. geol. Ges. **41**, S. 1–26, Berlin 1889.

Kummerow, E. H. E.: Die Ostrakoden und Phyllopoden des deutschen Unterkarbons. – Abh. Preuss. Geol. Landesanst. N. F. **194**, S. 1–107, Berlin 1939.

Levinson, S. A.: Thin Sections of Paleozoic Ostracoda and their Bearing on Taxonomy and Morphology. – J. Paleont. **25**, 5, S. 553–560, Tulsa 1951.

Malz, H.: Die Gattung *Macrodentina* und einige andere Ostracoden-Arten aus dem Oberen Jura von NW-Deutschland, England und Frankreich. – Abh. senckenb. naturf. Ges. **497,** S. 1–67, Frankfurt/Main 1958.

Malz, H. & Moayedpour, E.: Miozäne Süßwasser-Ostracoden aus der Rhön. – Senckenbergiana Lethaea **54,** 2–4 S. 281–309, Frankfurt/Main 1973.

Martin, G. P. R.: Ostracoden des norddeutschen Purbeck und Wealden. – Senckenbergiana, **22,** 5/6, S. 275–361, Frankfurt/Main 1940.

Martin, G. P. R.: *Cetacella,* eine neue Ostracoden-Gattung aus dem Kimmeridge Nordwestdeutschlands. – Paläont. Z., **32,** 3/4, S. 190–196, Stuttgart 1958.

Martinsson, A.: Ostracodes of the Family Beyrichiidae from the Silurian of Gotland. – Bull. Geol. Inst. Univ. Uppsala **41,** S. 3–369, Uppsala 1962.

Moore, R. C.: Treatise on Invertebrate Paleontology, Part Q. – Arthropoda 3, S. 1–442, Kansas 1961.

Morkhoven, F. P. C. M. van: Post-Palaeozoic Ostracoda Vol. I, S. 1–204; Vol. II, S. 1–478. – (Elsevier), Amsterdam–London–New York 1963.

Müller, G. W.: Die Ostracoden des Golfes von Neapel und der angrenzenden Meeres-Abschnitte. – In: Fauna und Flora des Golfes von Neapel und der angrenzenden Meeres-Abschnitte, Zool. Stat. Naples Monogr., S. 1–404 Berlin 1894.

Müller, G. W.: Ostracoda. *F. E. Schulze*: (Herausgeber). – In: Das Tierreich, 31. Lieferung, Crustacea, R. Friedländer & Sohn, Berlin 1912.

Öpik, A. A.: Ostracoda from the Ordovician Uhaku und Kukruse formations of Estonia. – Sitzungsber. der Naturforsch. Gesellschaft, Univ. Dorpat **43,** S. 1–74, Tartu 1937.

Oertli, H. & Key A. J.: Drei neue Ostrakoden-Arten aus dem Oligozän Westeuropas. – Bull. Ver. Schweizer. Petrol.-Geol. u. Ing., **22,** 62, S. 19–28, 1955.

Oertli, H. J.: Ostracodes du Jurassique Supérieur du Bassin de Paris (Sondage Vernon 1). – Rev. Inst. Franç. Pétrole, **12,** 6, S. 647–695, Paris 1957.

Omara, S. & Gramann, F.: Ostracoden aus dem Oberkarbon des Wadi Araba, in der östlichen ägyptischen Wüste. – Verh. der geol. Bundesanstalt, Jahrgang 1966, S. 148–155, Wien 1966.

Peck, R. E.: Lower Cretaceous Rocky Mountain nonmarine Microfossils. – J. Paleont., **15,** 3, S. 285–304, Tulsa 1941.

Pietrzeniuk, E.: Taxonomische und biostratigraphische Untersuchungen an Ostracoden des Eozän 5 im Norden der Deutschen Demokratischen Republik. – Paläont. Abh. A, **IV**, 1, S. 1–162, Berlin 1969.

Pinto, I. D. & Sanguinetti, Y. T.: A complete revision of the Genera *Bisulcocypris* and *Theriosynoecum* (Ostracoda) with the world geographical and stratigraphical distribution. – Esc. Geol. P. Alegre, Publ. Esp. **4**, S. 1–165, Porto Alegre 1962.

Pokorny, V.: Grundzüge der zoologischen Mikropaläontologie. – Band II, S. 66–322, Deutscher Verlag der Wissenschaften, Berlin 1958.

Pokorny, V.: The Ostracods of the Middledevonian Red Coral Limestones of Celechovice. – Sbornik UUG **17**, 1950, odd. pal. S. 513–632, Praha 1950.

Puri, H. S., Bonaduce, G. & Gervasio, A. M.: Distribution of Ostracoda in the Mediterranean. – In: The Taxonomy, Morphology and Ecology of Recent Ostracoda. Editor: J. W. Neale, Oliver & Boyd, S. 358–411, Edinburgh 1969.

Rabien, A.: Die stratigraphische Bedeutung der oberdevonischen Ostracoden. – Z. deutsch. geol. Ges., **106**, 2, S. 217–226, Hannover 1956.

Ruggieri, G.: Età e faune di un Terrazzo marino sulla costa ionica della Calabria. – Giorn. Geol. Ser. 2 A, **23**, S. 19–168, Bologna 1953.

Schreiber, E.: Beiträge zur Kenntnis der Morphologie, Entwicklung und Lebensweise der Süßwasser-Ostracoden. Zool. Jb. Abt. 2, **43**, 485–538, Jena 1922.

Sohn, J. G.: *Aechminella, Amphissites, Kirkbyella*, and Related Genera. – Geol. Survey Profess. Paper 330B, S. 107–160, Washington 1961.

Steghaus, H.: Ostracoden als Leitfossilien im Kimmeridge der Ölfelder Wietze und Fuhrberg bei Hannover. – Paläont. Z. **24**, 3–4, S. 201–224, Stuttgart 1951.

Swartz, F. M.: Revision of the Ostracode Family Thlipsuridae, with Descriptions of new Species from the Lower Devonian of Pennsylvania. – J. Paleont. **6**, 1, S. 36–58, Menasha, 1932.

Swartz, F. M.: Revision of the Primitiidae and Beyrichiidae, with new Ostracoda from the Lower Devonian of Pennsylvania. – J. Paleont. **10**, 7, S. 541–586, Menasha 1936.

Swartz, F. M.: Muscle Marks, Hinge and overlap features and classification of some Leperditiidae. – J. Paleont. **23**, S. 306–327, Tulsa 1949.

Sylvester-Bradley, P. C.: The structure, Evolution and Nomenclature of the Ostracod Hinge. – Bull. Brit. Mus. (natur. Hist.), **3**, 1, S. 3–21, London 1956.

Triebel, E.: *Protocythere* und *Exophthalmocythere*, zwei neue Ostracoden-Gattungen aus der deutschen Kreide. – Senckenbergiana, **20**, S. 179–199, Frankfurt/Main 1938.

Triebel, E.: Die Ostracoden der deutschen Kreide. 2. Die Cytheridea-Arten der Unteren Kreide. – Senckenbergiana, **20**, S. 471–500, Frankfurt/Main 1938.

Triebel, E.: Die Ostracoden der deutschen Kreide. 3. Cytherideinae und Cytherinae aus der Unteren Kreide. – Senckenbergiana **22**, 3–4, S. 160–227, Frankfurt/Main 1940.

Triebel, E.: Fossile Arten der Ostracoden-Gattung *Paracyprideis KLIE*. – Senckenbergiana **23**, 1–3, S. 153–164, Frankfurt/Main 1941.

Triebel, E.: Zur Morphologie und Ökologie der fossilen Ostracoden. – Senckenbergiana, **23**, 4/6, S. 294–400, Frankfurt/Main 1941.

Triebel, E.: Spezielle Arbeitsgebiete der Mikropaläontologie 2. Ostracoden. – In: *H. Freund* (Herausgeber), Handbuch der Mikroskopie in der Technik. Bd. II, 3, S. 191–236, Umschau Verlag, Frankfurt/Main 1958.

Triebel, E.: Zur Kenntnis der Ostracoden-Gattung *Paijenborchella*. – Senckenbergiana **30**, 4–6, S. 193–203, Frankfurt/Main 1949.

Uliczny, F.: Hemicytheridae und Trachyleberididae (Ostracoda) aus dem Pliozän der Insel Kephallinia (Westgriechenland). – Diss. Univ. München, S. 1–152, München 1969.

Ulrich, E. O. & Bassler, R. S.: Cambrian bivalved Crustacea of the Order Conchostraca. – U. S. Nat. Mus., Proc. **78**, 4, S. 1–130, Washington 1931.

Ulrich, E. O. & Bassler, R. S.: Paleozoic Ostracoda: Their morphology, classification and Occurrence.– Maryland Geol. Survey, Vol. Silur, S. 271–391, Baltimore 1923.

Urlichs, M.: Ostracoden aus den Kössener Schichten und ihre Abhängigkeit von der Ökologie. – Mitt. Ges. Geol. Bergbaustud. **21**, S. 661–710, Innsbruck 1972.

Wagner, C. W.: Sur les Ostracodes du Quaternaire récent des Pays-Bas et leur utilisation dans l'étude Géologique des dépôts Holocènes. – Mouton & Co., S. 1–259, s'Gravenhage 1957.

Wienholz, E.: Neue Ostracoden aus dem norddeutschen Callov. – Freiberger Forsch.-Hefte, C **213**, S. 23–51, Leipzig 1967.

Wolburg, J.: Die Cyprideen des NW-deutschen Wealden. – Senck. Leth. **40**, 3/4, S. 223–315, Frankfurt/Main 1959.

Fossilverzeichnis

FSC
www.fsc.org
MIX
Papier | Fördert
gute Waldnutzung
FSC® C083411

Kolibri 360 GmbH
Ferdinand-Jühlke-Straße 7
99095 Erfurt, Deutschland
produktsicherheit@kolibri360.de